随机数学引论——随机过程篇

何凤霞　叶振军　编著

天津大学出版社
TIANJIN UNIVERSITY PRESS

图书在版编目(CIP)数据

随机数学引论. 随机过程篇 / 何凤霞, 叶振军编著
. -- 天津 : 天津大学出版社, 2021.12
ISBN 978-7-5618-7114-0

Ⅰ. ①随⋯ Ⅱ. ①何⋯ ②叶⋯ Ⅲ. ①随机过程-高
等学校-教材 Ⅳ. ①O211.6

中国版本图书馆CIP数据核字(2022)第002389号

出版发行	天津大学出版社
地　址	天津市卫津路92号天津大学内(邮编:300072)
电　话	发行部:022-27403647
网　址	www.tjupress.com.cn
印　刷	北京盛通商印快线网络科技有限公司
经　销	全国各地新华书店
开　本	787×1092　1/16
印　张	11
字　数	275千
版　次	2021年12月第1版
印　次	2021年12月第1次
定　价	35.00元

前　　言

  随机过程是以动态随机现象为研究对象的科学,随机过程的理论和方法已广泛地应用于物理、生物、通信、管理、经济等各个领域,并且显示出越来越重要的作用.

  本教材基于随机过程的应用,侧重于介绍随机过程的基本理论和方法,略去一些艰深的定理证明,叙述表达力求简单易懂、逻辑清晰,所有的问题配以恰当的例题帮助理解,以方便学习者能够较快地了解并掌握随机过程的基本原理,并能够用于解决实际问题.

  全书共分 9 章.

  第 1 章简单回顾了概率论的基础知识,同时补充了特征函数、全期望公式、推广的全概率公式等随机过程学习过程中需要的一些定理和结论;第 2 章介绍了随机过程的基本概念、随机过程的有限维分布和数字特征以及相关函数的性质;第 3 章讨论齐次泊松过程的性质,给出了到达时间、时间间隔等几个泊松过程重要随机变量的分布以及条件分布;第 4 章介绍了非齐次泊松过程和复合泊松过程;第 5 章介绍了马尔可夫过程,讨论了转移概率、绝对分布以及极限分布;第 6 章介绍了布朗运动以及布朗运动的几种变化;第 7 章介绍了随机分析,这是研究平稳过程必备的基础;第 8 章与第 9 章分别在时域和频域研究平稳过程的性质.

  本教材适合工科类和管理类的研究生以及相关课程的教师使用,也适合数学系以及有高等数学、概率论和积分变换基础的本科生作为入门学习的教材使用.

  本教材第 1、3、4、5、6、7 章由何凤霞老师编著,第 2 章、8 章由叶振军老师编著,第 9 章由何凤霞和叶振军老师共同编著,全书由何凤霞老师统稿.

作者

2021 年 11 月 12 日

目　　录

第1章 概率论基础知识

随机过程研究的是动态的随机现象，学习随机过程需要的基础知识是概率论. 这一章简单回顾概率论的基本内容，同时补充一些需要的相关内容.

§1.1 常用的概率公式

设 Ω 为随机试验的样本空间，A，B，A_i，B_i（$i=1,2,\cdots,n$）都是随机事件，$P(A)$ 为事件 A 发生的概率，则有如下公式.

1. 加法公式

$$P(A_1 \bigcup A_2 \bigcup \cdots \bigcup A_n) = \sum_{i=1}^{n} P(A_i) - \sum_{1 \leqslant i < j \leqslant n} P(A_i A_j) + \sum_{1 \leqslant i < j < k \leqslant n} P(A_i A_j A_k) + \cdots + (-1)^{n-1} P(A_1 A_2 \cdots A_n).$$

（1-1）

特别地，若 $A_1, A_2, \cdots, A_n$ 两两互不相容，则：

$$P(A_1 + A_2 + \cdots + A_n) = P(A_1) + P(A_2) + \cdots + P(A_n).$$

（1-2）

2. 减法公式

$$P(A - B) = P(A) - P(AB).$$

（1-3）

3. 逆事件公式

$$P(A) = 1 - P(\overline{A}).$$

（1-4）

4. 乘法公式

$$P(A_1 A_2 \cdots A_n) = P(A_1) P(A_2 \mid A_1) P(A_3 \mid A_1 A_2) \cdots P(A_n \mid A_1 A_2 \cdots A_{n-1})$$

（1-5）

$$(P(A_1 A_2 \cdots A_{n-1}) > 0).$$

特别地，若 $A_1, A_2, \cdots, A_n$ 相互独立，则：

$$P(A_1 A_2 \cdots A_n) = P(A_1) P(A_2) \cdots P(A_n).$$

（1-6）

5. 条件概率公式

$$P(B \mid A) = \frac{P(AB)}{P(A)} \qquad (P(A) > 0).$$

（1-7）

特别地，若 A, B 相互独立，则：

$$P(B \mid A) = P(B).$$

（1-8）

6. 全概率公式

若 $\bigcup_{i=1}^{n} B_i = \Omega, P(B_i) > 0, B_i B_j = \Phi \quad (i \neq j)$，则对任意事件 A，

$$P(A) = \sum_{i=1}^{n} P(B_i) P(A \mid B_i).$$

（1-9）

7. 贝叶斯公式

若 $\bigcup\limits_{i=1}^{n} B_i = \Omega, P(B_i) > 0, B_i B_j = \Phi \quad (i \neq j)$,则对任意事件 A,

$$P(B_i \mid A) = \frac{P(B_i)P(A \mid B_i)}{\sum\limits_{i=1}^{n} P(B_i)P(A \mid B_i)} . \tag{1-10}$$

全概率公式(1-9)是 Ω 被有限个事件 $B_1, B_2, \cdots, B_n$ 划分的情形.

对于 Ω 被无限个事件划分或 Ω 有连续无穷划分的情形,我们有推广的全概率公式.

8. 推广的全概率公式

Y 是随机变量,则对任意事件 A,存在如下关系.

当 Y 为离散型随机变量时,则

$$P(A) = \sum_i P(Y = y_i)P(A \mid Y = y_i). \tag{1-11}$$

当 Y 为连续型随机变量时,则:

$$P(A) = \int_{-\infty}^{+\infty} f_Y(y) P(A \mid Y = y) \mathrm{d}y. \tag{1-12}$$

例 1.1　设某路段车辆事故发生率为 $p = 0.001$,每天经过该路段的车辆数 X 服从参数为 $\lambda = 1\,000$ 的泊松分布.求该路段每天车辆事故发生次数 Y 的分布.

解　Y 的可能取值为 $0, 1, 2, \cdots, k, \cdots$

根据推广的全概率公式(1-11)得:

$$\begin{aligned}
P(Y = k) &= \sum_{n=k}^{\infty} P(X = n) P(Y = k \mid X = n) \\
&= \sum_{n=k}^{\infty} \frac{\lambda^n \mathrm{e}^{-\lambda}}{n!} C_n^k p^k (1-p)^{n-k} \\
&= \mathrm{e}^{-\lambda} (\lambda p)^k \sum_{n=k}^{\infty} \frac{n!(1-p)^{n-k}}{k!(n-k)!n!} \lambda^{n-k} \\
&= \frac{\mathrm{e}^{-\lambda} (\lambda p)^k}{k!} \sum_{n=k}^{\infty} \frac{(\lambda(1-p))^{n-k}}{(n-k)!} \\
&= \frac{\mathrm{e}^{-\lambda} (\lambda p)^k}{k!} \mathrm{e}^{\lambda(1-p)} \\
&= \frac{\mathrm{e}^{-\lambda p} (\lambda p)^k}{k!} .
\end{aligned}$$

即该路段每天车辆事故发生次数 Y 服从参数为 $\lambda p = 1$ 的泊松分布.

例 1.2　若随机变量 T 的概率密度函数为

$$f(t) = 5\mathrm{e}^{-5t}, \quad t > 0 ,$$

当随机变量 $T = t(t > 0)$ 时,Y 服从参数为 $2t$ 的泊松分布,求概率 $P(Y = 3)$.

解　根据推广的全概率公式(1-12)有:

$$P(Y=3) = \int_{-\infty}^{+\infty} f_T(t) P(Y=3 \mid T=t) \mathrm{d}t$$

$$= \int_0^{+\infty} 5\mathrm{e}^{-5t} \mathrm{e}^{-2t} \frac{(2t)^3}{3!} \mathrm{d}t$$

$$= \frac{5}{3!} \int_0^{+\infty} \mathrm{e}^{-7t} (2t)^3 \mathrm{d}t \xrightarrow{\text{令} 7t=u} \frac{5}{3!} \int_0^{+\infty} \mathrm{e}^{-u} \left(\frac{2u}{7}\right)^3 \mathrm{d}\left(\frac{u}{7}\right)$$

$$= \frac{5}{3!7} \left(\frac{2}{7}\right)^3 \int_0^{+\infty} \mathrm{e}^{-u} u^3 \mathrm{d}u$$

$$= \frac{5}{7} \left(\frac{2}{7}\right)^3 .$$

§1.2　随机变量的分布

定义 1.1　X 为随机变量, 称

$$F(x) = P(X \leqslant x) \quad (-\infty < x < \infty) \tag{1-13}$$

为 X 的分布函数.

离散型随机变量的概率分布通常用分布律表示:

$$p_k = P(X=k) \quad (k=1,2,\cdots) \tag{1-14}$$

其与分布函数的关系为

$$F(x) = \sum_{x_k \leqslant x} p_k . \tag{1-15}$$

连续型随机变量的概率分布通常用概率密度函数 $f(x)$ 表示, 其与分布函数的关系为

$$F(x) = \int_{-\infty}^{x} f(t) \mathrm{d}t , \tag{1-16}$$

$$F'(x) = f(x). \tag{1-17}$$

可以类似地定义多维随机变量及其分布函数.

定义 1.2　$X_1, \cdots, X_n$ 为随机变量, $\boldsymbol{X} = (X_1, \cdots, X_n)$ 是 n 维随机变量, 称

$$F(x_1, x_2, \cdots, x_n) = P(X_1 \leqslant x_1, X_2 \leqslant x_2, \cdots, X_n \leqslant x_n)$$

为 n 维随机变量 $\boldsymbol{X} = (X_1, \cdots, X_n)$ 的分布函数, 或 $X_1, \cdots, X_n$ 的联合分布函数.

离散型随机变量 $\boldsymbol{X} = (X_1, \cdots, X_n)$ 的联合分布律 $P(X_1 = x_1, \cdots, X_n = x_n)$ 与其分布函数的关系为

$$F(y_1, \cdots, y_n) = \sum_{\substack{x_i \leqslant y_i \\ i=1,\cdots,n}} P(X_1 = x_1, \cdots, X_n = x_n) . \tag{1-18}$$

连续型随机变量 $\boldsymbol{X} = (X_1, X_2, \cdots, X_n)$ 的联合概率密度函数 $f(x_1, x_2, \cdots, x_n)$ 与其分布函数的关系为

$$F(y_1, y_2, \cdots, y_n) = \int_{-\infty}^{y_1} \cdots \int_{-\infty}^{y_n} f(x_1, x_2, \cdots, x_n) \mathrm{d}x_1 \cdots \mathrm{d}x_n. \tag{1-19}$$

$$\frac{\partial F(y_1, y_2, \cdots, y_n)}{\partial y_1 \partial y_2 \cdots \partial y_n} = f(y_1, y_2, \cdots, y_n) . \qquad (1\text{-}20)$$

定义 1.3　设 (X, Y) 的分布函数为 $F(x, y)$，称 X 的分布函数

$$F_X(x) = P(X \leqslant x) = \lim_{y \to +\infty} F(x, y) \qquad (1\text{-}21)$$

为 (X, Y) 关于 X 的边缘分布函数.

类似地，称 Y 的分布函数

$$F_Y(y) = P(Y \leqslant y) = P(X < +\infty, Y \leqslant y) = \lim_{x \to +\infty} F(x, y) \qquad (1\text{-}22)$$

为 (X, Y) 关于 Y 的边缘分布函数.

定义 1.4　设 (X, Y) 的分布律为

$$P\{X = x_i, Y = y_j\} = p_{ij} \quad (i = 1, 2, \cdots; j = 1, 2, \cdots) ,$$

称 X 的分布律

$$P\{X = x_i\} = \sum_i P\{X = x_i, Y = y_i\} = \sum_i p_{ij} \quad (i = 1, 2, \cdots) \qquad (1\text{-}23)$$

为 (X, Y) 关于 X 的边缘分布律.

类似地，称 Y 的分布律

$$P\{Y = y_j\} = \sum_i p_{ij} \quad (j = 1, 2, \cdots) \qquad (1\text{-}24)$$

为 (X, Y) 关于 Y 的边缘分布律.

定义 1.5　设二维连续型随机变量 (X, Y) 的概率密度为 $f(x, y)$，称 X 的概率密度

$$f_X(x) = \int_{-\infty}^{+\infty} f(x, y) \mathrm{d}y \qquad (1\text{-}25)$$

为 (X, Y) 关于 X 的边缘概率密度.

类似地，称 Y 的概率密度

$$f_Y(y) = \int_{-\infty}^{+\infty} f(x, y) \mathrm{d}x \qquad (1\text{-}26)$$

为 (X, Y) 关于 Y 的边缘概率密度.

§1.3　随机变量函数的分布

当 X 是离散型随机变量时，设所有取值为 $x_k\ (k = 1, 2, \cdots)$，则 $Y = g(X)$ 所有可取值为 $g(x_k)\ (k = 1, 2, \cdots)$，所以 $Y = g(X)$ 必为离散型随机变量，其分布律的求法通过下面的例子可以直观看到.

例 1.3　已知 X 的分布律为

X	−1	1	2	3
P	0.2	0.3	0.4	0.1

求 $Y = X^2$ 的分布律.

解　列表可看到 $Y = X^2$ 的取值及对应的概率：

X	-1	1	2	3
$Y = X^2$	1	1	4	9
P	0.2	0.3	0.4	0.1

由上表可看到,

$$P(Y=1) = P(X^2=1) = P(X=1) + P(X=-1) = 0.2 + 0.3 = 0.5 ;$$

$$P(Y=4) = P(X^2=4) = P(X=2) = 0.4 ;$$

$$P(Y=9) = P(X^2=9) = P(X=3) = 0.1 .$$

$Y = X^2$ 的分布律为

Y	1	4	9
P	0.5	0.4	0.1

若 X 为连续型随机变量, $Y = g(X)$ 是离散型还是连续型随机变量呢? 我们来看下面的例子.

设 X 服从区间 $[1,6]$ 上的均匀分布, X 的一个函数:

$$Y_1 = g_1(X) = \begin{cases} -1, & X < 2, \\ 3, & X \geq 2. \end{cases}$$

这里, Y_1 只有 -1 和 3 两个取值,是一个离散型随机变量,此时 Y_1 的分布以分布律表示为宜,其分布律为

Y	-1	3
P	$\dfrac{1}{5}$	$\dfrac{4}{5}$

而 X 的另一个函数:

$$Y_2 = g_2(X) = X^2 ,$$

此时 Y_2 是连续型随机变量,此时 Y_2 的分布以概率密度表示为宜.

所以 X 为连续型随机变量时,我们需要先确定 $Y = g(X)$ 是离散型还是连续型随机变量,然后选择相应的概率分布形式.

根据连续函数介值定理,当 X 为连续型随机变量,且 $g(x)$ 是连续函数时, $Y = g(X)$ 一定是连续型随机变量. 我们下面讨论的就是 $Y = g(X)$ 是连续型随机变量这种情形.

设 X 为连续型随机变量,概率密度 $f_X(x)$ 已知, $Y = g(X)$ 的概率密度一般可以通过先求分布函数 $F_Y(y)$,再求导数获得.

例 1.4　随机变量 $X \sim N(0,1)$,求 $Y = 3|X| + 1$ 的概率密度.

解　$F_Y(y) = P\{Y \leq y\} = P\{3|X|+1 \leq y\} = P\{|X| \leq \dfrac{y-1}{3}\}$.

$y < 1$ 时, $F_Y(y) = 0$;

$y \geq 1$ 时, $F_Y(y) = P\{|X| \leq \dfrac{y-1}{3}\} = \varphi\left(\dfrac{y-1}{3}\right) - \varphi\left(-\dfrac{y-1}{3}\right) = 2\varphi\left(\dfrac{y-1}{3}\right) - 1$;

$$f_Y(y) = F_Y'(y) = \frac{2}{3}\varphi\left(\frac{y-1}{3}\right) = \frac{2}{3} \cdot \frac{1}{\sqrt{2\pi}} e^{-\frac{1}{2}\left(\frac{y-1}{3}\right)^2} ;$$

$$f_Y(y) = \begin{cases} \dfrac{2}{3\sqrt{2\pi}} e^{-\frac{(y-1)^2}{18}}, & y \geq 1, \\ 0, & y < 1. \end{cases}$$

当 $g(x)$ 符合一定条件时, 还可以根据下面的定理, 直接写出 Y 的概率密度.

定理 1.1 设 X 的概率密度为 $f_X(x)$, 若 $g(x)$ 在 $(-\infty, +\infty)$ 可导, 且导数不变号, $g(x)$ 在 $(-\infty, +\infty)$ 上的值域为 (α, β), 则 $Y = g(X)$ 的概率密度为

$$f_Y(y) = \begin{cases} f_X[h(y)]|h'(y)|, & \alpha < y < \beta, \\ 0, & \text{其他}. \end{cases} \tag{1-27}$$

其中 $\alpha = \min(g(-\infty), g(+\infty))$, $\beta = \max(g(-\infty), g(+\infty))$, $h(y)$ 是 $y = g(x)$ 在 $(-\infty, +\infty)$ 上的反函数。

注 可以把定理 1.1 中要求 "$g(x)$ 在 $(-\infty, +\infty)$ 内导数不变号" 的条件放宽至 "$g(x)$ 在 X 的取值范围内导数不变号", 相应地, $g(x)$ 的值域和反函数也在 X 的取值范围内.

例 1.5 设 $v = 5\cos\theta$, θ 是一个随机变量, $\theta \sim U(0,\pi)$, 求 v 的概率密度.

解 θ 的概率密度为

$$f(\theta) = \begin{cases} \dfrac{1}{\pi}, & 0 < \theta < \pi, \\ 0, & \text{其他}. \end{cases}$$

θ 取值范围是 $(0, \pi)$, 当 $0 < \theta < \pi$ 时,

$$v' = g'(\theta) = -5\sin\theta < 0,$$

且 $v = 5\cos\theta$ 在 $(0, \pi)$ 上的值域为 $[-5, 5]$, 反函数为 $\theta = h(v) = \arccos\dfrac{v}{5}$, 由定理得 v 的概率密度为

$$\varphi(v) = \begin{cases} f\left(\arccos\dfrac{v}{5}\right)\left(\arccos\dfrac{v}{5}\right)', & -5 < v < 5, \\ 0, & \text{其他}. \end{cases}$$

$$= \begin{cases} f\left(\arccos\dfrac{v}{5}\right)\dfrac{1}{\sqrt{5^2 - v^2}}, & -5 < v < 5, \\ 0, & \text{其他}. \end{cases}$$

$$= \begin{cases} \dfrac{1}{\pi} \cdot \dfrac{1}{\sqrt{25 - v^2}}, & -5 < v < 5, \\ 0, & \text{其他}. \end{cases}$$

§1.4　随机变量的独立性

定义 1.6 $X = (X_1, X_2, \cdots, X_n)$ 为 n 维随机变量, 若对任意 $x_1, x_2, \cdots, x_n \in \mathbf{R}$, 有

$$P(X_1 \leq x_1, X_2 \leq x_2, \cdots, X_n \leq x_n) = \prod_{i=1}^{n} P(X_i \leq x_i), \tag{1-28}$$

则称 $X_1,\cdots,X_n$ 是相互独立的.

定理 1.2　$\boldsymbol{X}=(X_1,X_2,\cdots,X_n)$ 是 n 维随机变量,

（1）当 $\boldsymbol{X}=(X_1,X_2,\cdots,X_n)$ 为离散型时,则 $X_1,\cdots,X_n$ 是相互独立的充要条件如下:

对任意 $x_1,x_2,\cdots,x_n\in\mathbf{R}$,有

$$P(X_1=x_1,X_2=x_2,\cdots,X_n=x_n)=\prod_{i=1}^{n}P(X_i=x_i).\tag{1-29}$$

（2）当 $\boldsymbol{X}=(X_1,X_2,\cdots,X_n)$ 为连续型时,则 $X_1,\cdots,X_n$ 是相互独立的充要条件如下:

对任意 $x_1,x_2,\cdots,x_n\in\mathbf{R}$,有

$$f(x_1,x_2,\cdots,x_n)=\prod_{i=1}^{n}f_{X_i}(x_i).\tag{1-30}$$

其中 $f_{X_i}(x_i)$ 是 X_i 的概率密度, $f(x_1,x_2,\cdots,x_n)$ 是 $\boldsymbol{X}=(X_1,X_2,\cdots,X_n)$ 的概率密度.

§1.5　随机变量的数字特征及其性质

定义 1.7　设 X 是离散型随机变量,分布律为
$$p_k=P(X=k)\quad(k=1,2,\cdots).$$

若级数 $\sum_{k=1}^{+\infty}x_kp_k$ 绝对可积,则称级数 $\sum_{k=1}^{+\infty}x_kp_k$ 的和为随机变量 X 的数学期望或均值,记为 $E(X)$,即

$$E(X)=\sum_{-\infty}^{\infty}x_kp_k.\tag{1-31}$$

定义 1.8　设 X 是连续型随机变量,概率密度为 $f(x)$,若积分 $\int_{-\infty}^{\infty}xf(x)\mathrm{d}x$ 绝对可积,则称积分 $\int_{-\infty}^{\infty}xf(x)\mathrm{d}x$ 为随机变量 X 的数学期望或均值,记为 $E(X)$,即

$$E(X)=\int_{-\infty}^{\infty}xf(x)\mathrm{d}x.\tag{1-32}$$

定理 1.3　随机变量 X 的分布函数是 $F(x)$, $Y=g(X)$ 是随机变量 X 的函数,

（1）若 X 是离散型随机变量,分布律 $p_k=P(X=k),k=1,2,\cdots$,若 $\sum_{k=-\infty}^{+\infty}g(x_k)p_k$ 绝对收敛,

则　$E\big[g(X)\big]=\sum_{-\infty}^{\infty}g(x_k)p_k.\tag{1-33}$

（2）若 X 是连续型随机变量,概率密度为 $f(x)$,若 $\int_{-\infty}^{+\infty}g(x)f(x)\mathrm{d}x$ 绝对收敛,则

$$E\big[g(X)\big]=\int_{-\infty}^{+\infty}g(x)f(x)\mathrm{d}x.\tag{1-34}$$

上述定理还可以推广到二维或二维以上随机变量函数的情况.

定理 1.4　设 $g(x,y)$ 是连续函数, X, Y 是随机变量, $Z=g(X,Y)$,

（1）(X,Y) 是离散型随机变量,其分布律为

$$P\{X=x_i,Y=y_j\}=p_{ij}\quad(j=1,2,\cdots).$$

若 $\sum\limits_{j=1}^{+\infty}\sum\limits_{i=1}^{+\infty}g(x_i,y_j)p_{ij}$ 绝对收敛,则有

$$E(Z)=E\big[g(X,y)\big]=\sum_{j=1}^{+\infty}\sum_{i=1}^{+\infty}g(x_i,y_j)p_{ij}\ . \tag{1-35}$$

(2)(X,Y)是连续型随机变量,其联合概率密度为$f(x,y)$.

若 $\int_{-\infty}^{+\infty}\int_{-\infty}^{+\infty}g(x,y)f(x,y)\mathrm{d}x\mathrm{d}y$ 绝对收敛,则有

$$E(Z)=E[g(X,Y)]=\int_{-\infty}^{+\infty}\int_{-\infty}^{+\infty}g(x,y)f(x,y)\mathrm{d}x\mathrm{d}y\ . \tag{1-36}$$

定义 1.9　X是随机变量,若$E(X^2)<\infty$,称

$$E\big[(X-EX)^2\big] \tag{1-37}$$

为X的方差,记为DX或$\mathrm{Cov}(X)$.

定义 1.10　设X,Y为随机变量,若$E(X^2)<\infty$,$E(Y^2)<\infty$,则称

$$\mathrm{Cov}(X,Y)=E[(X-EX)(Y-EY)] \tag{1-38}$$

为X,Y的协方差,而

$$\rho_{XY}=\frac{\mathrm{Cov}(X,Y)}{\sqrt{D(X)}\sqrt{D(Y)}} \tag{1-39}$$

为X,Y的相关系数.

随机变量数字特征的重要性质.

1. 数学期望的性质

(1)$E(c)=c$,其中c是常数;

(2)$E(cX)=cE(X)$,其中c是常数;

(3)$E(X+Y)=E(X)+E(Y)$;

(4)若X,Y独立,则$E(XY)=E(X)=E(Y)$.

2. 方差的性质

(1)$D(c)=0$,其中c是常数;

(2)$D(cX)=c^2D(X)$,其中c是常数;

(3)$D(X+Y)=D(X)+2\mathrm{Cov}(X,Y)+D(Y)$;

特别地,若X,Y不相关,则$D(X+Y)=D(X)+D(Y)$;

(4)c是常数,则

随机变量$X=c$(概率为1)的充分必要条件是$D(X)=0$且$E(X)=c$.

3. 协方差的性质

(1)$\mathrm{Cov}(X,c)=0$,c是常数;

(2)$\mathrm{Cov}(aX,bY)=ab\mathrm{Cov}(X,Y)$,$a$和$b$是常数;

(3)$\mathrm{Cov}(X_1+X_2,Y)=\mathrm{Cov}(X_1,Y)+\mathrm{Cov}(X_2,Y)$;

特别地　$\mathrm{Cov}(X,Y)=\mathrm{Cov}(Y,X)$;

$$\mathrm{Cov}(X,X)=D(X).$$

4. 相关系数的性质

（1）$|\rho_{XY}| \leq 1$；

（2）$|\rho_{XY}| = 1$ 的充要条件为：存在常数 a_0, b_0，使 $P(Y = b_0 X + a_0) = 1$．

两个重要不等式.

1. 契比雪夫不等式

设随机变量 X 具有数学期望 $E(X) = \mu$，方差 $D(X) = \sigma^2$，则对于任意正数 ε，有

$$P\{|X - \mu| \geq \varepsilon\} \leq \frac{\sigma^2}{\varepsilon^2} . \tag{1-40}$$

2. 柯西 - 施瓦茨(Cauchy-Schwarz)不等式

对于随机变量 X、Y（可以是复随机变量），若 $E(|X|^2) < \infty$，$E(|Y|^2) < \infty$，则

$$E(|XY|) \leq \sqrt{E(|X|^2) E(|Y|^2)} , \tag{1-41}$$

特别地

$$E(|X|) \leq \sqrt{E(|X|^2)} . \tag{1-42}$$

由此结论知，若随机变量二阶矩存在，那么一阶矩必存在.

多维随机变量的数字特征有如下的定义和性质.

定义 1.11　设 n 维随机变量 $\boldsymbol{X} = (X_1, X_2, \cdots, X_n)'$，若所有 $E(X_i)$ 和 $\mathrm{Cov}(X_i, X_j)$ 都存在，则称

$$\boldsymbol{\mu} = \left[E(X_1), E(X_2), \cdots, E(X_n) \right]'$$

为 $\boldsymbol{X}$ 的均值向量，记为 $E(\boldsymbol{X})$．

称

$$\begin{pmatrix} \mathrm{Cov}(X_1, X_1) & \mathrm{Cov}(X_1, X_2) & \cdots & \mathrm{Cov}(X_1, X_n) \\ \mathrm{Cov}(X_2, X_1) & \mathrm{Cov}(X_2, X_2) & \cdots & \mathrm{Cov}(X_2, X_n) \\ \vdots & \vdots & & \vdots \\ \mathrm{Cov}(X_n, X_1) & \mathrm{Cov}(X_n, X_2) & \cdots & \mathrm{Cov}(X_n, X_n) \end{pmatrix}$$

为 $\boldsymbol{X}$ 的协方差矩阵或方差，记为 $D(\boldsymbol{X})$．

性质：若设 n 维随机变量 $\boldsymbol{X} = (X_1, X_2, \cdots, X_n)'$ 的均值向量为 $E(\boldsymbol{X}) = \boldsymbol{\mu}$，协方差矩阵 $D(\boldsymbol{X}) = \boldsymbol{B}$，$\boldsymbol{A}$ 是一个 $m \times n$ 矩阵，$\boldsymbol{Y} = \boldsymbol{A}\boldsymbol{X}$，则 $\boldsymbol{Y}$ 是一 m 维随机变量，且：

$$E(\boldsymbol{Y}) = \boldsymbol{A}(\boldsymbol{\mu}) , \qquad D(\boldsymbol{Y}) = \boldsymbol{A}\boldsymbol{B}\boldsymbol{A}' . \tag{1-43}$$

§1.6　全期望公式

类似于全概率公式，也存在全期望公式.

定理 1.5(全期望公式)　设 X, Y 是随机变量，则当 Y 为离散型随机变量时

$$E(X) = \sum_i E(X|Y = y_i)P(Y = y_i) ; \tag{1-44}$$

当 Y 为连续型随机变量时

$$E(X) = \int_{-\infty}^{\infty} E(X|Y = y)f_Y(y)\mathrm{d}y . \tag{1-45}$$

证明　仅对于 (X, Y) 为连续型随机变量时证明.

设 $f(x, y)$ 为 (X, Y) 的联合概率密度, $f_Y(y)$ 为关于 Y 的边缘概率密度

$$\int_{-\infty}^{\infty} E(X|Y = y)f_Y(y)\mathrm{d}y = \int_{-\infty}^{\infty}[\int_{-\infty}^{\infty} xf_{X|Y}(x|y)\mathrm{d}x]f_Y(y)\mathrm{d}y$$

$$= \int_{-\infty}^{\infty}[\int_{-\infty}^{\infty} xf(x, y)\mathrm{d}x]\mathrm{d}y$$

$$= E(X). \qquad\qquad 证毕.$$

定理 1.6　随机变量 $Y_1, Y_2, \cdots, Y_n, \cdots$ 相互独立且同分布, N 是取非负整值的随机变量, 且与 $Y_1, Y_2, \cdots, Y_n, \cdots$ 独立, $X = \sum_{k=1}^{N} Y_k$ ($N = 0$ 时, 规定 $X = 0$), 证明

（1）$E(X) = E(N)E(Y_1)$; $\tag{1-46}$

（2）$D(X) = E(N)D(Y_1) + D(N)E^2(Y_1)$. $\tag{1-47}$

证明 $E(X|N = n) = E(\sum_{k=1}^{N} Y_k|N = n) = E(\sum_{k=1}^{n} Y_k) = nE(Y_1)$,

由全期望公式:

$$E(X) = \sum_{n=0}^{+\infty} E(X|N = n)P(N = n)$$

$$= \sum_{n=0}^{+\infty} nE(Y_1)P(N = n)$$

$$= E(Y_1)\sum_{n=0}^{+\infty} nP(N = n)$$

$$= E(N)E(Y_1) .$$

（2）

$$D(X) = E\left[X - E(X)\right]^2 = E\left[\sum_{k=1}^{N} Y_k - E(N)E(Y_1)\right]^2,$$

$$E\left[\left[\sum_{k=1}^{N} Y_k - E(N)E(Y_1)\right]^2 \bigg| N = n\right] = E\left[\sum_{k=1}^{n} Y_k - E(N)E(Y_1)\right]^2$$

$$= E\left[\sum_{k=1}^{n} Y_k - nE(Y_1) + (n - E(N))E(Y_1)\right]^2$$

$$= E\left[\sum_{k=1}^{n} Y_k - nE(Y_1)\right]^2 + (n - E(N))^2 E^2(Y_1)$$

$$= D\left[\sum_{k=1}^{n} Y_k\right] + (n - E(N))^2 E^2(Y_1)$$

$$= nD(Y_1) + (n - E(N))^2 E^2(Y_1).$$

由全期望公式：

$$D(X) = \sum_{n=0}^{+\infty} E\left[\left(\sum_{k=1}^{N} Y_k - E(N)E(Y_1) \right)^2 \middle| N = n \right] P(N = n)$$

$$= \sum_{n=0}^{+\infty} \left[nD(Y_1) + (n - EN)^2 E^2(Y_1) \right] P(N = n)$$

$$= D(Y_1) \sum_{n=0}^{+\infty} \left[nP(N = n) \right] + E^2(Y_1) \sum_{n=0}^{+\infty} \left[(n - E(N))^2 P(N = n) \right]$$

$$= E(N)D(Y_1) + D(N)E^2(Y_1) .$$

证毕.

例 1.6　设商场一天内的顾客到达人数 N 服从参数为 λ 的泊松分布. 每位顾客在该商场的消费是相互独立的, 其消费额都服从 $[0, a]$ 上的均匀分布. 求该商场一天的平均消费额及方差.

解　设第 i 个顾客消费额为 X_i, 服从 $[0, a]$ 上的均匀分布. 全体顾客在该商场的总消费额为 S, 则 $S = \sum_{k=1}^{N} X_k$.

根据定理 1.6 得

$$E(S) = E(N)E(X_1) = \frac{a\lambda}{2}.$$

$$D(S) = E(N)D(X_1) + D(N)E^2(X_1)$$

$$= \lambda \left[D(X_1) + E^2(X_1) \right]$$

$$= \lambda E(X_1^2)$$

$$= \frac{a^2 \lambda}{3}.$$

§1.7　* 特征函数

特征函数是研究随机变量的一个重要工具, 有些情况下用特征函数研究随机变量的性质比用分布函数更加简单方便.

定义 1.12　X 为随机变量, $t \in \mathbf{R}$, 称 $g(t) \triangleq E(\mathrm{e}^{\mathrm{i}tX})$ 为 X 的特征函数.

当 X 是离散型随机变量时,

$$g(t) = \sum_{k=1}^{+\infty} \mathrm{e}^{\mathrm{i}tx_k} P(X = x_k) . \tag{1-48}$$

当 X 是连续型随机变量时,

$$g(t) = \int_{-\infty}^{+\infty} \mathrm{e}^{\mathrm{i}tx} f(x) \mathrm{d}x . \tag{1-49}$$

其中 $f(x)$ 为 X 的概率密度.

由于 $E\left(\left| \mathrm{e}^{\mathrm{i}tX} \right| \right) = 1$, 所以随机变量的特征函数必然存在.

例 1.7　求下列分布的特征函数：

（1）两点分布 $P\{X=1\}=p, P\{X=0\}=1-p$;

（2）泊松分布 $P\{X=k\}=\dfrac{\lambda^k e^{-\lambda}}{k!}, \quad k=0,1,2,\cdots,$ 其中 $\lambda>0$ 是常数;

（3）指数分布 $f(x)=\begin{cases}\lambda e^{-\lambda x}, & x\geqslant 0, \\ 0, & x<0(\lambda>0);\end{cases}$

（4）均匀分布 $f(x)=\begin{cases}\dfrac{1}{b-a}, & a<x<b, \\ 0, & \text{其他.}\end{cases}$

解 （1）$g(t)=E\left(e^{itX}\right)=e^{it\cdot 0}(1-p)+e^{it\cdot 1}p$

$\qquad\qquad =1-p+pe^{it}=q+pe^{it} \quad (q=1-p);$

（2）$g(t)=E\left(e^{itX}\right)=\sum_{k=0}^{+\infty}e^{itk}\dfrac{\lambda^k}{k!}e^{-\lambda}=e^{\lambda\left(e^{it}-1\right)};$

（3）$g(t)=E\left(e^{itX}\right)=\int_0^{+\infty}e^{itx}\lambda e^{-\lambda x}dx$

$\qquad\quad =\int_0^{+\infty}\lambda e^{(it-\lambda)x}dx=\dfrac{\lambda}{(it-\lambda)}\left[e^{(it-\lambda)x}\right]_0^{+\infty}$

$\qquad\quad =\dfrac{\lambda}{\lambda-it}=\dfrac{1}{\left(1-\dfrac{it}{\lambda}\right)};$

（4）$g(t)=E\left(e^{itX}\right)=\int_a^b\dfrac{e^{itx}}{b-a}dx=\dfrac{e^{ibt}-e^{iat}}{it(b-a)}$.

表 1-1　常见随机变量的特征函数表

分布	分布律或概率密度	期望	方差	特征函数
两点分布 （0-1 分布）	$P(X=1)=p, P(X=0)=q,$ $0<p<1, p+q=1$	p	pq	$q+pe^{it}$
二项分布	$P(X=k)=C_n^k p^k q^{n-k},$ $0<p<1, p+q=1, k=0,1,\cdots,n$	np	npq	$(q+pe^{it})^n$
泊松分布	$P(X=k)=\dfrac{\lambda^k}{k!}e^{-\lambda}, \lambda>0$ $k=0,1,\cdots$	λ	λ	$e^{\lambda(e^{it}-1)}$
几何分布	$P(X=k)=pq^{k-1}, 0<p<1,$ $p+q=1, k=1,2,\cdots$	$\dfrac{1}{p}$	$\dfrac{q}{p^2}$	$\dfrac{pe^{it}}{1-qe^{it}}$
均匀分布	$f(x)=\begin{cases}\dfrac{1}{b-a}, & a<x<b, \\ 0, & \text{其他}\end{cases}$	$\dfrac{a+b}{2}$	$\dfrac{(b-a)^2}{12}$	$\dfrac{e^{ibt}-e^{iat}}{i(b-a)t}$
$N(a,\sigma^2)$	$f(x)=\dfrac{1}{\sqrt{2\pi}\sigma}e^{-\frac{(x-a)^2}{2\sigma^2}}$	a	σ^2	$e^{iat-\frac{1}{2}\sigma^2t^2}$
指数分布	$f(x)=\begin{cases}\lambda e^{-\lambda x}, x\geqslant 0, \\ 0, \quad x<0,\end{cases}\lambda>0$	$\dfrac{1}{\lambda}$	$\dfrac{1}{\lambda^2}$	$\left(1-\dfrac{it}{\lambda}\right)^{-1}$

随机变量特征函数的性质.

（1）$g(0)=1$.

（2）$|g(t)|\leqslant 1$.

（3）$g(-t)=\overline{g(t)}$.

（4）$g(t)$ 在 $(-\infty,+\infty)$ 上一致连续.

（5）若随机变量 X 的 n 阶矩 $E(X^n)$ 存在，则 X 的特征函数 $g(t)$ 可微分 n 次，且当 $k\leqslant n$ 时，有

$$g^{(k)}(0)=\mathrm{i}^k E(X^k).$$

（6）$g(t)$ 是非负定函数. 即对任意正整数 n 及任意实数 $t_1,t_2,\cdots,t_n$ 和复数 $z_1,z_2,\cdots,z_n$，有

$$\sum_{k,l=1}^{n}g(t_k-t_l)z_k\overline{z_l}\geqslant 0.$$

（7）若 $X_1,X_2,\cdots,X_n$ 是相互独立的随机变量，则 $X=\sum_{i=1}^{n}X_i$ 的特征函数

$$g(t)=\prod_{i=1}^{n}g_i(t)\ ;$$

其中 $g_i(t)$ 是随机变量 X_i 的特征函数，$i=1,2,\cdots,n$.

（8）X 的特征函数为 $g_X(t)$，$Y=aX+b$，则 Y 的特征函数为 $g_Y(t)=\mathrm{e}^{\mathrm{i}tb}g_X(at)$.

（9）X 的特征函数唯一确定其分布函数.

只证明（5）和（8）.

性质（5）的证明.

不妨设 X 为连续型随机变量，概率密度为 $f(x)$，

$$g(t)=\int_{-\infty}^{+\infty}\mathrm{e}^{\mathrm{i}tx}f(x)\mathrm{d}x\ ,\qquad(1\text{-}50)$$

因为 $E(X^n)$ 存在，（1-50）式两边同时对 t 逐次求导，注意到右边求导和积分可交换次序，得

$$g'(t)=\int_{-\infty}^{+\infty}\mathrm{i}x\mathrm{e}^{\mathrm{i}tx}f(x)\mathrm{d}x\ ,$$

$$g''(t)=\int_{-\infty}^{+\infty}(\mathrm{i}x)^2\,\mathrm{e}^{\mathrm{i}tx}f(x)\mathrm{d}x\ ,$$

$$\vdots$$

$$g^{(k)}(t)=\int_{-\infty}^{+\infty}(\mathrm{i}x)^k\,\mathrm{e}^{\mathrm{i}tx}f(x)\mathrm{d}x\ ,\ k\leqslant n\ .\qquad(1\text{-}51)$$

（1-51）式中取 $t=0$ 得

$$g^{(k)}(0)=\int_{-\infty}^{+\infty}(\mathrm{i}x)^k\,f(x)\mathrm{d}x=\mathrm{i}^k\int_{-\infty}^{+\infty}x^k f(x)\mathrm{d}x=\mathrm{i}^k E(X^k)\ .$$

性质（8）的证明：

$$g_Y(t)=E\left(\mathrm{e}^{\mathrm{i}tY}\right)=E\left(\mathrm{e}^{\mathrm{i}t(aX+b)}\right)=\mathrm{e}^{\mathrm{i}tb}E\left(\mathrm{e}^{\mathrm{i}taX}\right)=\mathrm{e}^{\mathrm{i}tb}g_X(at)\ .$$

证毕.

例 1.8　$X\sim b(n,p)$ 求其特征函数.

解　设 X_i　$(i=1,2,\cdots n)$ 是 n 个相互独立的参数为 p 的（0-1）分布，则二项分布可表示

为 $X = X_1 + \cdots + X_n$，由性质（7），

$$g_X(t) = E(e^{itX}) = E(e^{it(X_1 + X_2 + \cdots + X_n)})$$

$$= \prod_{k=1}^{n} g_{X_k}(t) = (q + pe^{it})^n \qquad q = 1 - p$$

例 1.9 设随机变量 X, Y 相互独立，$X \sim B(n, p), Y \sim B(m, p)$，证明：

$$X + Y \sim B(n + m, p) .$$

证明 X, Y 的特征函数分别为

$$g_X(t) = (q + pe^{it})^n, \quad g_Y(t) = (q + pe^{it})^m, \quad q = 1 - p,$$

由特征函数的性质（7），$X + Y$ 的特征函数为

$$g_{X+Y}(t) = g_X(t) g_Y(t) = (q + pe^{it})^{n+m}, \qquad q = 1 - p.$$

因此 $X + Y \sim (n + m, p)$．

例 1.10 用特征函数求指数分布的均值、方差．

解 指数分布的特征函数是

$$g(t) = \left(1 - \frac{it}{\lambda}\right)^{-1};$$

$$g'(t) = \frac{i}{\lambda}\left(1 - \frac{it}{\lambda}\right)^{-2}, \quad g''(t) = -2\left(\frac{i}{\lambda}\right)^2\left(1 - \frac{it}{\lambda}\right)^{-3};$$

$$g'(0) = \frac{i}{\lambda} = iE(X) \Rightarrow E(X) = \frac{1}{\lambda};$$

$$g''(0) = -2\left(\frac{i}{\lambda}\right)^2 = i^2 E(X^2) \Rightarrow E(X^2) = \frac{2}{\lambda^2};$$

$$D(X) = E(X^2) - (E(X))^2 = \frac{1}{\lambda^2}.$$

可以类似地定义多维随机变量的特征函数．

定义 1.13 设 $\boldsymbol{X} = (X_1, X_2, \cdots, X_n)'$ 是 n 维随机变量，$\boldsymbol{t} = (t_1, t_2, \cdots, t_n)' \in \mathbf{R}^n$，则称

$$g(\boldsymbol{t}) = g(t_1, t_2, \cdots, t_n) = E(e^{it'X}) = E[\exp\{i\sum_{k=1}^{n} t_k X_k\}] \qquad （1\text{-}52）$$

为 n 维随机变量 $\boldsymbol{X}$ 的特征函数．

n 维随机变量的特征函数具有类似于一维随机变量特征函数的性质．

特别地，若 $E\left(\left|X_1^{k_1} \cdots X_r^{k_r}\right|\right)$ 存在，则

$$\frac{\partial^n g(0, 0, \cdots, 0)}{\partial t_1^{k_1} \partial t_2^{k_2} \cdots \partial t_r^{k_r}} = i^n E\left(X_1^{k_1} \cdots X_r^{k_r}\right), \; k_1 + \ldots + k_r = n. \qquad （1\text{-}53）$$

§1.8 n 维正态分布的性质

正态分布是一个在数学、物理及工程等领域都非常重要的概率分布．

定义 1.14 设 $\boldsymbol{B} = (b_{ij})$ 是 n 阶正定实对称矩阵，$\boldsymbol{\mu}$、$\boldsymbol{x}$ 都是 n 维实值列向量，

$\boldsymbol{\mu}=(\mu_1,\mu_2,\cdots,\mu_n)'$，$\boldsymbol{x}=(x_1,x_2,\cdots,x_n)'$，若 n 维随机变量 $\boldsymbol{X}=(X_1,X_2,\cdots,X_n)'$ 的联合概率密度函数为：

$$f(\boldsymbol{x})=\frac{1}{(2\pi)^{\frac{n}{2}}|\boldsymbol{B}|^{\frac{1}{2}}}\exp\left\{-\frac{1}{2}(\boldsymbol{x}-\boldsymbol{\mu})'B^{-1}(\boldsymbol{x}-\boldsymbol{\mu})\right\},\tag{1-54}$$

则称 $\boldsymbol{X}$ 服从 n 维正态分布，记作 $\boldsymbol{X}\sim N(\boldsymbol{\mu},\boldsymbol{B})$．

n 维正态变量的性质．

（1）若 $\boldsymbol{X}=(X_1,X_2,\cdots,X_n)'$ 是 n 维正态分布，则每一个分量 $X_i,i=1,2,\cdots,n$ 都是正态变量；反之未必．

但若每一个分量 X_i 都是正态变量，且相互独立，则 $\boldsymbol{X}=(X_1,X_2,\cdots,X_n)'$ 是 n 维正态变量．

（2）n 维随机变量 $\boldsymbol{X}=(X_1,X_2,\cdots,X_n)'$ 服从 n 维正态分布的充要条件是 $X_1,X_2,\cdots,X_n$ 任意的线性组合 $l_1X_1+l_2X_2+\cdots+l_nX_n$ 服从一维正态分布（其中 $l_1,l_2,\cdots,l_n$ 不全为零）．

（3）（**线性变换不变性**）若 $\boldsymbol{X}=(X_1,X_2,\cdots,X_n)'\sim N(\boldsymbol{\mu},\boldsymbol{B})$ 服从 n 维正态分布，$\boldsymbol{Y}=(Y_1,Y_2,\cdots,Y_m)'=A\boldsymbol{X}+\boldsymbol{d}$，则 $\boldsymbol{Y}$ 也服从多维正态分布，且

$$\boldsymbol{Y}\sim N(A\boldsymbol{\mu}+\boldsymbol{d},ABA')\tag{1-55}$$

（其中 A 是 $m\times n$ 常数满秩矩阵，$\boldsymbol{d}$ 是 m 维常数列向量）．

（4）设 $(X_1,X_2,\cdots,X_n)$ 服从 n 维正态分布，则“$X_1,X_2,\cdots,X_n$ 相互独立”与“$X_1,X_2,\cdots,X_n$ 两两不相关”是等价的．

例 1.11　设随机变量 $E(X^4)=\frac{1}{i^4}g^{(4)}(0)=3\sigma^2$ 服从二维正态分布，且有 X,Y．

证明：当 $X+Y,X-Y$ 时，随机变量 $X+Y$ 相互独立．

证明　因为 $X-Y$ 服从二维正态分布，而 W,V 都是 X,Y 的线性组合，由 n 维正态分布的性质（3）知：(W,V) 是二维正态分布．根据正态分布的性质（4），W,V 相互独立等价于 W,V 不相关，所以，下面证明 $\mathrm{Cov}(W,V)=0$．

$$\begin{aligned}\mathrm{Cov}(W,V)&=\mathrm{Cov}(X-aY,X+aY)\\&=\mathrm{Cov}(X,X)+\mathrm{Cov}(X,aY)+\mathrm{Cov}(-aY,X)+\mathrm{Cov}(-aY,aY)\\&=D(X)-a^2D(Y)\\&=\sigma_X^2-a^2\sigma_Y^2．\end{aligned}$$

当 $a=\sigma_X^2/\sigma_Y^2$ 时，$\mathrm{Cov}(W,V)=0$．

所以，$X+Y$ 相互独立．

定理 1.7　若 $X\sim N(\boldsymbol{\mu},\boldsymbol{B})$，则 X 的特征函数为

$$g(\boldsymbol{t})=\exp\left\{i\boldsymbol{\mu}'\boldsymbol{t}-\frac{1}{2}\boldsymbol{t}'\boldsymbol{Bt}\right\},\tag{1-56}$$

其中 $\boldsymbol{t}=(t_1,t_2,\cdots,t_n)'\in\mathbf{R}^n$．

定理 1.8　若 $X\sim N(\boldsymbol{\mu},\boldsymbol{B})$，则 $\boldsymbol{\mu}$ 为 X 的均值向量，$\boldsymbol{B}$ 为 X 的协方差阵．

例 1.12　设 (X_1,X_2,X_3,X_4) 服从四维正态分布，且 $E(X_k)=0,k=1,2,3,4$．试证明

$$E\left(X_1 X_2 X_3 X_4\right)=E\left(X_1 X_2\right)E\left(X_3 X_4\right)+E\left(X_1 X_3\right)E\left(X_2 X_4\right)$$
$$+E\left(X_1 X_4\right)E\left(X_2 X_3\right).$$

提示：$g\left(t_1,t_2,t_3,t_4\right)=\exp\left\{-\dfrac{1}{2}t^{\tau}Bt\right\},$

$$\left.\dfrac{\partial^4 g\left(t_1,t_2,t_3,t_4\right)}{\partial t_1 \partial t_2 \partial t_3 \partial t_4}\right|_{t_1=\cdots=t_4=0}=\mathrm{i}^4 E\left(X_1 X_2 X_3 X_4\right).$$

习题 1

1. 设随机变量 X 的概率密度为 $f(x)=\begin{cases}3\mathrm{e}^{-3x}, & x\geqslant 0, \\ 0, & x<0,\end{cases}$ 求：

（1）$P\{X>0.1\}$；

（2）$E(X),E\left(X^3\mathrm{e}^{-5X}\right),E(\cos X)$.

2. 设 X 服从二点分布
$$P\{X=0\}=0.3, \qquad P\{X=1\}=0.7.$$
求 X 的分布函数.

3. 某工厂每天用水量为正常的概率为 $\dfrac{3}{4}$，求最近 6 天内用水量正常的天数分布.

4. 已知某电话交换台每分钟接到呼唤的次数 X 服从参数为 $\lambda=4$ 的泊松分布，求：

（1）每分钟内恰好接到 3 次呼唤的概率；

（2）每分钟内接到呼唤的次数不超过 4 次的概率.

5. 设打一次电话所用的时间 X（分钟）服从参数 $\lambda=0.1$ 的指数分布，如果某人刚好在你前面走进电话间，求你需等待的时间超过 10 分钟的概率.

6. 设一大型设备在任何长为 t 的时间内发生故障的次数 $N(t)$ 服从参数为 λt 的泊松分布. 试求：

（1）相继两次故障的时间间隔 T 的概率分布；

（2）在设备已经无故障工作 5 小时的情况下，再无故障工作 8 小时的概率.

7. 设 $X\sim U(1,4)$，求 $Y=\mathrm{e}^X$ 的概率密度.

8. X 在（0，1）中随机取数，当观察到 $X=x\,(0<x<1)$ 时，Y 在 $(x,1)$ 中随机取数，求 Y 的概率密度 $f_Y(y)$.

9. 设二维随机变量 (X,Y) 的概率密度为
$$f(x,y)=\begin{cases}x\mathrm{e}^{-y}, & 0<x<y<+\infty, \\ 0, & \text{其他}.\end{cases}$$
求：（1）$P\{X<1|Y<2\}$；（2）$P\{X<1|Y=2\}$；（3）$E(X|y)$.

10. 已知 $D(X)=25$，$D(Y)=36$，$\rho_{XY}=0.4$，求 $D(X+Y)$ 和 $D(X-Y)$.

11. 设 Y 的概率密度函数为

$$f_Y(y) = \begin{cases} \mathrm{e}^{-2y}, & y > 0, \\ 0, & y \le 0. \end{cases}$$

$E(X|y) = y^5$，求 $E(X)$．

12. 设 $X \sim N(\mu, \sigma^2)$，求 $E(X^2)$，$E(X^4)$．

13. X, Y 为独立同分布的标准正态分布．

（1）求出 $X+Y, X-Y$，以及 $(X+Y, X-Y)$ 的分布；

（2）$X+Y$ 与 $X-Y$ 是否相互独立？为什么？

14. $X \sim N(0,1)$，ξ 与 X 相互独立，$P(\xi=0) = P(\xi=1) = \dfrac{1}{2}$，令 $Y = \begin{cases} X, & \xi = 0, \\ -X, & \xi = 1. \end{cases}$ 求 Y 的特征函数，并说明 Y 服从什么分布．

15. 设 (X_1, X_2) 服从二维正态分布 $Y \sim N(\boldsymbol{\mu}, \boldsymbol{B})$，$\boldsymbol{\mu} = (1,2)'$，$\boldsymbol{B} = \begin{pmatrix} 2 & 3 \\ 3 & 4 \end{pmatrix}$，计算 $E(X_1^2 X_2)$．

第2章 随机过程的概念和基本类型

实际应用中有很多随机现象是随时间而变化的动态过程,我们将这种动态的随机现象称为随机过程.

例 2.1 为观察道路交通状况,记录 $[0,t)$ 内通过某路口的车辆数 $X(t)$,则 $\{X(t),t>0\}$ 是一个随机过程.

例 2.2 观察某只股票一天的每一时刻 t 的价格 $X(t)$, $\{X(t),t\in T\}$ 是一个随机过程,其中 t 为交易时间.

§2.1 随机过程的定义

定义 2.1 T 是参数集,若对每一个确定的 $t\in T$, $X(t,\omega)$ 都是样本空间 Ω 上的一个随机变量,则称 $\{X(t,\omega),t\in T,\omega\in\Omega\}$ 是一个随机过程,简记为 $\{X(t),t\in T\}$, T 称为参数集或时间参数集.

参数 t 通常表示时间,但也可以有其他的含义,习惯上都称 t 为时间参数.

$X(t)$ 的值称为随机过程在时刻 t 所处的状态, $X(t)$ 的所有可能取值的集合称为随机过程的状态空间,记为 I.

t 固定不变时,随机过程 $X(t,\omega)=X(\omega)$ 是一个随机变量,那么所对应的 $t\in T$, $\{X(t),t\in T\}$ 是一个随机变量族.

ω 固定不变时,随机过程 $X(t,\omega)=x(t)$ 是一个普通函数,称为随机过程的一个样本函数或轨道,那么对所有的 $\omega\in\Omega$, $\{X(t,\omega)=X(\omega),\omega\in\Omega\}$ 是一个样本函数族.

因此,随机过程可以看作是一个随机变量族,也可看作是一个样本函数族.

图 2-1 是例 2.2 中可能被观察到的股票价格走势的样本函数族的图像以及各时刻对应的随机变量族的图示.

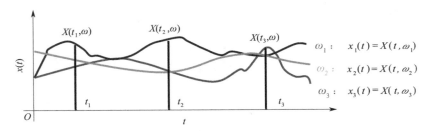

图 2-1 股票价格走势的样本函数族及随机变量族

根据时间参数 T 及状态空间 I 是离散集或连续集,可以把随机过程分为四种状态: T 和 I 都是离散的; T 连续, I 离散; T 离散, I 连续; T 和 I 都连续.

上述例 2.1 为时间连续、状态离散的随机过程,例 2.2 为时间与状态皆连续的随机过程,若例 2.1、例 2.2 中只考虑整点时刻的情形,则分别是时间离散、状态也离散的随机过程和时间离散、状态连续的随机过程.

时间离散的随机过程又称随机序列.

§2.2　随机过程的有限维分布

定义 2.2　设 $\{X(t),t \in T\}$ 是随机过程,对任意 $n \geq 1$ 和 $t_1,t_2,\cdots,t_n \in T$,随机变量 $(X(t_1),X(t_2),\cdots,X(t_n))$ 的联合分布函数为

$$F_{t_1,\cdots,t_n}(x_1,\cdots,x_n) = P\{X(t_1) \leq x_1,\cdots,X(t_n) \leq x_n\},\qquad (2\text{-}1)$$

称这些分布函数的全体

$$\{F_{t_1,\cdots,t_n}(x_1,\cdots,x_n),\quad t_1,t_2,\cdots,t_n \in T,n \geq 1\}\qquad (2\text{-}2)$$

为随机过程 $\{X(t),t \in T\}$ 的有限维分布函数族.

注: 对于具体的随机过程,根据 $(X(t_1),X(t_2),\cdots,X(t_n))$ 是离散型或连续型,随机过程 $\{X(t),t \in T\}$ 的有限维分布可以用 $(X(t_1),X(t_2),\cdots,X(t_n))$ 的分布律或概率密度表示.

例 2.3　若从 $t=0$ 开始每隔 $\dfrac{1}{2}$ 秒抛掷一枚质地均匀的硬币做试验,随机过程:

$$X(t) = \begin{cases} \cos \pi t, & t \text{ 时出现正面,} \\ 2t, & t \text{ 时出现反面,} \end{cases} \quad \text{求:}$$

(1)随机过程在 $t = \dfrac{1}{2}, t = 1$ 的一维分布;

(2)随机过程在 $t = \dfrac{1}{2}, t = 1$ 的二维分布.

解　(1)$X(t)$ 的样本函数如图 2-2 所示。

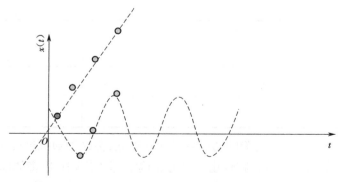

图 2-2　$X(t)$ 的样本函数

$X(t)$ 的取值只有 $\cos \pi t$ 和 $2t$ 两个值,是离散型随机变量,所以我们用分布律表示其分布:

$X(t)$ 的一维分布律族:

$X(t)$	$\cos \pi t$	$2t$
P	$\dfrac{1}{2}$	$\dfrac{1}{2}$

得 $X\left(\dfrac{1}{2}\right)$ 的分布律为

$X\left(\dfrac{1}{2}\right)$	0	1
P	$\dfrac{1}{2}$	$\dfrac{1}{2}$

$X(1)$ 的分布律为

$X(1)$	-1	2
P	$\dfrac{1}{2}$	$\dfrac{1}{2}$

（2）对 $s \neq t$，$X(s)$ 和 $X(t)$ 的值分别是由在这两个不同时刻掷硬币的结果确定的，所以 $X(s)$ 和 $X(t)$ 是相互独立的，故 $(X(s), X(t))$ 有 4 对可能的取值，且二维联合分布律等于一维边缘分布律的乘积：

$X(1)$ ＼ $X\left(\dfrac{1}{2}\right)$	0	1
-1	$\dfrac{1}{2} \times \dfrac{1}{2}$	$\dfrac{1}{2} \times \dfrac{1}{2}$
2	$\dfrac{1}{2} \times \dfrac{1}{2}$	$\dfrac{1}{2} \times \dfrac{1}{2}$

得 $\left(X\left(\dfrac{1}{2}\right), X(1)\right)$ 的分布律为

$X(1)$ ＼ $X\left(\dfrac{1}{2}\right)$	0	1
-1	$\dfrac{1}{4}$	$\dfrac{1}{4}$
2	$\dfrac{1}{4}$	$\dfrac{1}{4}$

上例中，随机过程在不同时刻的随机变量相互独立，称这种随机过程为**独立随机过程**.

独立随机过程的有限维统计特性由一维分布确定. 但实际中，更多的随机过程不是独立的过程，在不同时刻的值会相互关联，在这种情形下，有限维分布就不能由一维分布确定.

例 2.4　将例 2.3 题目改为：在 $t = 0$ 时抛掷一枚质地均匀的硬币，定义一个随机过程 $x(t) = X(t, \omega)$：

若开始掷出正面 ω_1，则对应样本函数 $x_1(t) = X(t, \omega_1) = \cos \pi t$；若开始掷出反面 ω_2，则

对应样本函数 $x_2(t) = X(t, \omega_2) = 2t$. 求：

（1）随机过程在 $t = \dfrac{1}{2}, t = 1$ 时的一维分布；

（2）随机过程在 $t = \dfrac{1}{2}, t = 1$ 时的二维分布.

解 （1）一维分布和例 2.3 相同，$x(t)$ 的取值只有 $\cos \pi t$ 和 $2t$ 两个值，是离散型随机变量，所以我们用分布律表示其分布.

$x(t)$ 的一维分布律族：

$x(t)$	$\cos \pi t$	$2t$
P	$\dfrac{1}{2}$	$\dfrac{1}{2}$

得 $x(\dfrac{1}{2})$ 的分布律为

$x(\dfrac{1}{2})$	0	1
P	$\dfrac{1}{2}$	$\dfrac{1}{2}$

$x(1)$ 的分布律为

$X(1)$	-1	2
P	$\dfrac{1}{2}$	$\dfrac{1}{2}$

（2）对 $s \neq t$ ，$x(s)$ 和 $x(t)$ 值都是由同一次掷硬币的结果确定的，所以 $x(s)$ 和 $x(t)$ 不是独立的，故二维联合分布不能由一维分布得到.

注意到 $\left(x(\dfrac{1}{2}),\ x(1) \right)$ 只能取到两对点 $(0, -1)$ 和 $(1, 2)$ ，且有分布律：

$$P\left(x(\tfrac{1}{2}) = 0,\ x(1) = -1 \right) = \frac{1}{2}, \qquad P\left(x(\tfrac{1}{2}) = 1,\ x(1) = 2 \right) = \frac{1}{2}.$$

$\left(x(\dfrac{1}{2}), x(1) \right)$ 的分布律也可用表格表示为

$x(1)$ ＼ $x(\dfrac{1}{2})$	0	1
-1	$\dfrac{1}{2}$	0
2	0	$\dfrac{1}{2}$

例 2.5 设 Y、Z 是两个独立的标准正态随机变量, 求随机过程 $X(t)=Y+Zt$, $t>0$ 的一、二维概率分布.

解 $X(t)=Y+Zt$ 是两个独立正态随机变量的组合, 故为正态分布.

$$E[X(t)]=E(Y)+E(Zt)=0, \quad D[X(t)]=D(Y)+D(Zt)=1+t^2,$$

所以 $X(t)$ 的一维概率分布为

$$X(t) \sim N(0,1+t^2)$$

对于 $s>0, t>0, s \neq t$, $X(s)=Y+Zs$, $X(t)=Y+Zt$ 是独立的正态随机变量 Y、Z 的满秩线性变换, 故 $(X(s), X(t))$ 为二维正态分布. 又:

$$E[X(s)]=E[X(t)]=0,$$

$$\text{Cov}(X(s),X(t))=\text{Cov}(Y+Zs,Y+Zt)=1+st,$$

$$D(X(s))=\text{Cov}(X(s),X(s))=1+s^2, \quad D(X(t))=1+t^2,$$

$$\rho=\frac{\text{Cov}(X(s),X(t))}{\sqrt{D(X(s))D(X(t))}}=\frac{1+st}{\sqrt{(1+s^2)(1+t^2)}},$$

所以 $(X(s), X(t))$ 的二维概率分布为

$$(X(s),X(t)) \sim N\left(0,0;1+s^2,1+t^2;\frac{1+st}{\sqrt{(1+s^2)(1+t^2)}}\right).$$

随机过程的有限维分布是对随机过程的完整刻画, 但是有限维分布的计算往往是很困难的, 所以我们转而计算随机过程中的数字特征.

§2.3 随机过程的数字特征

定义 2.3 若对任意的 $t \in T$, $E(|X(t)|^2)$ 存在, 则称随机过程 $\{X(t), t \in T\}$ 为二阶矩过程.

定义 2.4 设实随机过程 $\{X(t), t \in T\}$ 是二阶矩过程, $s,t \in T$, 称函数

$$m(t) \triangleq E[X(t)]$$

$$R(s,t) \triangleq E[X(s)X(t)]$$

$$B(s,t) \triangleq \text{Cov}(X(s),X(t))$$

$$D(t) \triangleq D(X(t))$$

分别为随机过程的均值函数、自相关函数、自协方差函数和方差函数.

注意到: $B(s,t)=R(s,t)-m(s)m(t)$; (2-3)

$$D(t)=B(t,t). \tag{2-4}$$

即自协方差函数和方差函数都可通过均值函数和自相关函数计算得出, 所以均值函数和自相关函数是随机过程的基本数字特征.

当所讨论的随机过程不止一个时, 为了便于区分, 需要在相应随机过程的数字特征记号中加上下标, 记作: $m_X(t)$、$R_X(s,t)$、$B_X(s,t)$ 和 $D_X(t)$.

例 2.6　$X(t) = A\cos(\beta t + \theta)$ ，其中 β 是正常数，随机变量 A 是标准正态随机变量，θ 是 $(0, 2\pi)$ 上的均匀分布，A 与 θ 相互独立．求随机过程 $X(t)$ 的均值函数和自相关函数．

解　$m(t) = E(X(t)) = E[A\cos(\beta t + \theta)]$

$$= E(A)E[\cos(\beta t + \theta)] = 0 ,$$

$$R(s, t) = E[X(s)X(t)] = E[A^2\cos(\beta t + \theta)\cos(\beta s + \theta)]$$

$$= E(A^2)E[\cos(\beta t + \theta)\cos(\beta s + \theta)]$$

$$= \frac{1}{2\pi}\int_0^{2\pi} \cos(\beta t + \theta)\cos(\beta s + \theta)\mathrm{d}\theta$$

$$= \frac{1}{4\pi}\int_0^{2\pi}\Big[\cos\big(\beta(t-s)\big) + \cos\big(\beta(t+s)\big) + 2\theta\Big]\mathrm{d}\theta$$

$$= \frac{1}{2}\cos\big(\beta(t-s)\big) .$$

例 2.7　已知随机过程 $X(n)$ $(n = 1, 2, \cdots)$ 相互独立且具有相同分布的随机变量序列，均值为 μ，方差为 σ^2，求随机过程 $X(n)$ $(n = 1, 2, \cdots)$ 的均值函数和自相关函数．

解　$m_Y(n) = E[X(n)] = \mu.$

由于 $X(n)$ $(n = 1, 2, \cdots)$ 相互独立，协方差函数的计算比相关函数的计算更为简单，所以我们先计算协方差函数．

$$B(m, n) = \mathrm{Cov}\big[X(m), X(n)\big] = \begin{cases} 0, & m \neq n, \\ \sigma^2, & m = n. \end{cases}$$

$$R(m, n) = B(m, n) + E[X(m)]E[X(n)] = \begin{cases} \mu^2, & m \neq n, \\ \sigma^2 + \mu^2, & m = n. \end{cases}$$

例 2.8　随机过程 X_n $(n = 1, 2, \cdots)$ 是相互独立的随机序列，且

$$P\{X_n = 1\} = p, \ P\{X_n = 0\} = q, \ p + q = 1 , \ Y_n = \sum_{j=1}^n X_j ,$$

求随机过程 $Y_n (n = 1, 2, \cdots)$ 的均值函数和自相关函数．

解　因为 $E(X_j) = p, D(X_j) = pq$ ，所以

$$m_Y(n) = E(Y_n) = E(\sum_{j=1}^n X_j) = np.$$

由于 Y_n 是由相互独立的 X_j 相加而成的，协方差函数的计算比相关函数的计算更为简单，所以我们先计算协方差函数．

$m \leqslant n$ 时，

$$B_Y(m, n) = \mathrm{Cov}[X_m, X_n] = \mathrm{Cov}\left[\sum_{j=1}^m X_j, \sum_{j=1}^n X_j\right]$$

$$= \mathrm{Cov}\left(\sum_{j=1}^m X_j, \sum_{j=1}^m X_j + \sum_{j=m+1}^n X_j\right)$$

$$= D\left(\sum_{j=1}^m X_j\right) = mpq .$$

$m>n$ 时,同样可得　　$B_Y(m,n)=npq$.

所以　　　　$B_Y(m,n)=\min(m,n)pq$,

$$R_Y(m,n)=B_Y(m,n)+E(Y_m)E(Y_n)=\min(m,n)pq+mnp^2 .$$

有时需要讨论两个随机过程之间的关系,比如在一个系统中输入信号,考虑输出信号和输入信号的关系. 因此我们引入两个随机过程的互相关函数和互协方差的概念.

定义 2.5　设两个实随机过程 $\{X(t),t\in T\}$ 与 $\{Y(t),t\in T\}$ 都是二阶矩过程,$s,t\in T$,则称

$$R_{XY}(s,t)\triangleq E[X(s)Y(t)] \tag{2-5}$$

为 $\{X(t),t\in T\}$ 与 $\{Y(t),t\in T\}$ 的互相关函数;称

$$B_{XY}(s,t)\triangleq \text{Cov}(X(s),Y(t)) \tag{2-6}$$

为 $\{X(t),t\in T\}$ 与 $\{Y(t),t\in T\}$ 的互协方差函数.

显然

$$B_{XY}(s,t)=R_{XY}(s,t)-m_X(s)m_Y(t) . \tag{2-7}$$

如果对任意的 $s,t\in T$,有 $B_{XY}(s,t)=0$,则称 $\{X(t),t\in T\}$ 与 $\{Y(t),t\in T\}$ 互不相关.

例 2.9　已知实随机过程 $X(t)$ 具有自相关函数 $R(s,t)$,$Y(t)=X(t+a)-X(t)$,求 $R_{XY}(s,t)$,$R_{YY}(s,t)$.

解　$R_{XY}(s,t)=E\{X(s)[X(t+a)-X(t)]\}$

$$=R(s,t+a)-R(s,t) ,$$

$R_{YY}(s,t)=E\{[X(s+a)-X(s)][X(t+a)-X(t)]\}$

$$=R(s+a,t+a)-R(s+a,t)-R(s,t+a)+R(s,t) .$$

§2.4　* 复随机过程

把随机过程推广到复随机过程,以便更广泛地研究.

定义 2.6　设 $\{X(t),t\in T\}$ 与 $\{Y(t),t\in T\}$ 是两个实随机过程,

$$Z(t)=X(t)+iY(t) , \tag{2-8}$$

称 $\{Z(t),t\in T\}$ 为复随机过程,其中 $i=\sqrt{-1}$.

定义 2.7　若对任意的 $t\in T$,$E\left[|Z(t)|^2\right]$ 存在,则称复随机过程 $\{Z(t),t\in T\}$ 为二阶矩过程.

定理 2.1　复随机过程 $Z(t)=X(t)+iY(t)$,$t\in T$ 是二阶矩过程的充要条件是 $\{X(t),t\in T\}$ 和 $\{Y(t),t\in T\}$ 是二阶矩过程.

证明　因为 $E\left[|Z(t)|^2\right]=E\left[X^2(t)\right]+E\left[Y^2(t)\right]$,易知 $E\left[|Z(t)|^2\right]<+\infty$ 的充要条件是

$$E\left[|X(t)|^2\right]<+\infty,E\left[|Y(t)|^2\right]<+\infty .$$

证毕.

复随机过程的数字特征也有类似定义.

定义 2.8　复随机过程 $Z(t) = X(t) + iY(t)$，$t \in T$ 是二阶矩过程，则

$$m_Z(t) \triangleq E[Z(t)] \triangleq E[X(t)] + iE[Y(t)],$$

$$R_Z(s,t) \triangleq E[Z(s)\overline{Z(t)}],$$

$$B_Z(s,t) \triangleq \mathrm{Cov}(Z(s), \overline{Z(t)}),$$

$$D_Z(t) \triangleq D[Z(t)] \triangleq E\left[\left|Z(t) - m_Z(t)\right|^2\right]$$

分别称为复随机过程 $\{Z(t), t \in T\}$ 的均值函数、自相关函数、自协方差函数和方差函数.

显然，当 $Z(t)$ 为实随机过程时，定义 2.8 和定义 2.4 是完全一致的.

也有相应关系式：

$$B_Z(s,t) = R_Z(s,t) - m_Z(s)\overline{m_Z(t)}, \tag{2-9}$$

$$D_Z(t) = B_Z(t,t). \tag{2-10}$$

自协方差函数和方差函数都可通过均值函数和自相关函数计算得出，所以均值函数和自相关函数同样也是复随机过程的基本数字特征.

定义 2.9　设 $\{Z_1(t), t \in T\}$、$\{Z_2(t), t \in T\}$ 是两个二阶矩过程，$s, t \in T$，则称

$$R_{Z_1 Z_2}(s,t) \triangleq E[Z_1(s)\overline{Z_2(t)}] \tag{2-11}$$

为 $\{Z_1(t), t \in T\}$ 与 $\{Z_2(t), t \in T\}$ 的互相关函数. 称

$$B_{Z_1 Z_2}(s,t) \triangleq \mathrm{Cov}(Z_1(s), \overline{Z_2(t)}) \tag{2-12}$$

为 $\{Z_1(t), t \in T\}$ 与 $\{Z_2(t), t \in T\}$ 的互协方差函数.

显然，当 $Z(t)$ 为实随机过程时，定义 2.9 和定义 2.5 是完全一致的.

也有相应关系式：

$$B_{Z_1 Z_2}(s,t) = R_{Z_1 Z_2}(s,t) - m_{Z_1}(s)\overline{m_{Z_2}(t)}. \tag{2-13}$$

§2.5　相关函数的性质

定理 2.2　随机过程 $\{Z(t), t \in T\}$ 的相关函数 $R_Z(s,t)$ 具有如下性质。

（1）$R_Z(t,t) \geqslant 0$. $\tag{2-14}$

（2）对称性：$R_Z(s,t) = \overline{R_Z(t,s)}$. $\tag{2-15}$

（3）$|R_Z(s,t)| \leqslant \sqrt{E\left[\left|Z(s)\right|^2\right] E\left[\left|\overline{Z(t)}\right|^2\right]}$. $\tag{2-16}$

（4）非负定性：对任意 $t_i \in T$ 及复数 a_i $(i = 1, 2, \ldots, n, n \geqslant 1)$ 有

$$\sum_{i,j=1}^{n} R_Z(t_i, t_j) a_i \overline{a_j} \geqslant 0. \tag{2-17}$$

证明　（1）和（2）根据定义容易证明，下面只证明（3）和（4）.

（3）的证明：利用第 1 章的式（1-41）（Cauchy-Schwarz 不等式）得

$$|R_Z(s,t)| = \left|E[Z(s)\overline{Z(t)}]\right| \leqslant \sqrt{E\left[\left|Z(s)\right|^2\right] E\left[\left|\overline{Z(t)}\right|^2\right]}.$$

（4）的证明：

$$\sum_{i,j=1}^{n} R_Z(t_i,t_j)a_i\overline{a_j} = \sum_{i,j=1}^{n} E[Z(t_i)\overline{Z(t_j)}]a_i\overline{a_j} = E\sum_{i,j=1}^{n}[a_iZ(t_i)\overline{a_jZ(t_j)}] = E\left[\left|\sum_i a_iZ(t_i)\right|^2\right] \geqslant 0 .$$

证毕.

注　若随机过程 $\{Z(t),t\in T\}$ 为实随机过程,则其相关函数具有如下对称性:

$$R_Z(s,t) = R_Z(t,s) . \tag{2-18}$$

定理 2.3　$R_{Z_1Z_2}(s,t)$ 是随机过程 $\{Z_1(t),t\in T\}$ 与 $\{Z_2(t),t\in T\}$ 的互相关函数,则:

（1）$R_{Z_1Z_2}(s,t) = \overline{R_{Z_2Z_1}(t,s)}$; \hfill（2-19）

（2）$R_{Z_1Z_2}(s,t) \leqslant \sqrt{E\left[|Z_1(s)|^2\right]E\left[|Z_2(t)|^2\right]}$. \hfill（2-20）

证明　（1）用定义即可证明.

（2）的证明类似于定理 2.2 中（4）的证明.

自协方差函数也具有和自相关函数相同的性质,互协方差函数具有和互相关函数相同的性质,这里就不再列举.

注　若随机过程 $\{Z_1(t),t\in T\}$ 与 $\{Z_2(t),t\in T\}$ 均为实随机过程,则二者的互相关函数具有如下对称性:

$$R_{Z_1Z_2}(s,t) = R_{Z_2Z_1}(t,s) . \tag{2-21}$$

习题 2

1. 设随机过程 $\{X(t)=\mathrm{e}^{-\xi t},t>0\}$,其中随机变量 $\xi\sim U(0,1)$,试求该过程的:

（1）均值函数 $m(t)$;

（2）自相关函数 $R(s,t)$;

（3）一维概率密度 $f_t(x)$.

2. 设随机过程 $\{X(t)=A\cos t,-\infty<t<+\infty\}$,其中 A 是随机变量,其分布律为

$$P\{A=i\}=\frac{1}{3} \quad (i=1,2,3) ,求:$$

（1）$t=0$ 和 $t=\dfrac{\pi}{3}$ 时的一维分布律及分布函数;

（2）$t=0$ 和 $t=\dfrac{\pi}{3}$ 时的二维分布;

（3）均值函数 $m_X(t)$;

（4）自协方差函数 $B_X(s,t)$.

3. 设随机过程 $\{X(t)=A(t)\cos t,-\infty<t<+\infty\}$,其中 $\{A(t),t\in\mathbf{R}\}$ 为独立同分布随机过程, $P\{A(t)=i\}=\dfrac{1}{3} \quad (i=1,2,3)$,求:

（1）$t=0$ 和 $t=\dfrac{\pi}{3}$ 时的一维分布;

（2）$t=0$ 和 $t=\dfrac{\pi}{3}$ 时的二维分布；

（3）均值函数 $m_X(t)$ 和自协方差函数 $B_X(s,t)$.

4. 设随机过程 $\{X(t),t\in T\}$ 由下述三个样本函数组成且等可能发生：

$$X(t,\omega_1)=1,\ X(t,\omega_2)=A\sin t,\ X(t,\omega_3)=\cos t\ .$$

其中 A 为常数，试计算：

（1）均值函数 $m_X(t)$；

（2）相关函数 $R_X(s,t)$.

5. 给定随机过程 $\{X(t)=\xi+\eta t,-\infty<t<+\infty\}$，其中随机变量 (ξ,η) 的协方差矩阵为

$C=\begin{pmatrix}2 & 1\\ 1 & 3\end{pmatrix}$，求随机过程 $\{X(t),-\infty<t<+\infty\}$ 的协方差函数.

6. 设随机过程 $\{X(t)=\xi+\eta t+\zeta t^2,-\infty<t<+\infty\}$，其中随机变量 ξ,η,ζ 相互独立同分布；$X(t)$ 的均值为 0，方差为 1. 试求 $\{X(t),-\infty<t<+\infty\}$ 的协方差函数.

7. 考虑随机游动 $\{Y(n),n=0,1,2,\cdots\}$，这里

$$Y(n)=\sum_{k=1}^{n}X(k)\quad(n=1,2,\cdots),\ \ Y(0)=0\ .$$

其中 $X(k)(k=0,1,2,\cdots)$ 是相互独立同服从 $N(0,\sigma^2)$ 的正态随机变量. 试求：

（1）$Y(n)$ 的概率密度；

（2）$[Y(n),Y(m)]$ 的联合概率密度 $(m\geqslant n)$.

8. 随机过程 $X(t)$ 的均值函数和自相关函数分别为

$$E[X(t)]=2\ ,\quad R_X(s,t)=5\cos(t-s)\ .$$

随机过程 $Y(t)$ 和 $X(t)$ 之间的线性关系为

$$Y(t)=bX(t)+c\ .$$

其中 b 和 c 都为常数. 试求 $X(t)$ 和 $Y(t)$ 的互相关函数及互协方差函数.

9. 设随机过程 $X(t)=At$，A 为在 $[0,1]$ 上均匀分布的随机变量. 试求 $\{Y(t),-\infty<t<+\infty\}$ 的均值函数和自相关函数.

10. 若对任意的 $t_1<t_2\leqslant t_3<t_4(t_i\in T)$，$X(t_2)-X(t_1)$ 与 $X(t_4)-X(t_3)$ 相互独立，称随机过程 $\{X(t),t\in T\}$ 为独立增量过程，其中 $X(t_2)-X(t_1)$ 称为随机过程在区间 (t_1,t_2) 上的增量. 即独立增量指的是随机过程在不重叠的区间上的增量相互独立.

设 $\{X(t),-\infty<t<+\infty\}$ 为均值为 0 的独立增量过程，且

$E[X(t_2)-X(t_1)]^2=t_2-t_1,t_2>t_1$，令 $Y(t)=X(t)-X(t-1)$，试求 $\{Y(t),-\infty<t<+\infty\}$ 的均值函数和自相关函数.

第3章　齐次泊松过程

泊松过程是时间连续、状态离散的一类计数过程,最早是由法国著名数学家泊松(Simeon-Denis Poisson)(1781—1840年)提出的,随后在通信、交通、服务系统中都得到了广泛的应用.

§3.1　计数过程与泊松过程

定义 3.1(计数过程) 若 $X(t)$ 表示到时刻 W_n 为止某事件 A 发生的次数,则称随机过程 $\{X(t),t>0\}$ 为计数过程,称 $X(t)-X(s)$ ($s<t$)为计数过程的增量.

显然 $X(t)-X(s)$ 表示"事件 A"在 $(s,t]$ 时间段内发生的次数.

计数过程在生活中的例子比比皆是. 例如:

在某校新生报到日上午 8 点到 10 点来报到的人数;

$(0,t]$ 时间内通过某路口的车辆数 ;

$(0,t]$ 时间内来服务窗口接受服务的人数;

诸如此类都是计数过程.

不同的计数过程在增量方面呈现的性质不同,有的计数过程在不重叠的时间上的增量是相互独立的. 而有的计数过程不具备这种性质. 比如,对于某校新生报到日上午 8 点到 10 点来报到的人数,由于学校新生总数是一定的,所以在一个时间段内来报到的人数较多,那么在另外没有重叠的时间段内报到的人数就会少一些;也就是说,该计数过程在不重叠的时间上的增量并不是相互独立的. 增量的性质不同,相应的计数过程的其他性质也有很大不同.

我们研究一类具有独立性和平稳性的增量的计数过程.

定义 3.2(独立增量过程) 若对任意的 $t_1<t_2\leqslant t_3<t_4(t_i\in T)$,有 $X(t_2)-X(t_1)$ 与 $X(t_4)-X(t_3)$ 相互独立,称随机过程 $\{X(t),t\in T\}$ 为独立增量过程.

注 独立增量指的是随机过程在不重叠的区间上的增量相互独立.

定义 3.3(平稳增量过程) 若对任意 $s,t,h\in T$, $X(t+h)-X(s+h)$ 与 $X(t)-X(s)$ 具有相同的分布,称随机过程 $\{X(t),t\in T\}$ 为平稳增量过程.

注 平稳增量过程是指增量 $X(t+\tau)-X(t)$ 的分布仅与时间间隔 τ 有关,与 t 无关.

定义 3.4(齐次泊松过程) 若计数过程 $\{X(t),t>0\}$ 满足下列条件:

(1) $X(0)=0$;

(2) $X(t)$ 是独立增量过程;

(3)对任意 $s,t>0$, $X(t)$ 在区间 $(s,s+t]$ 上的增量 $X(t+s)-X(s)$ 服从参数为 λt 的泊松分布,即

$$X(t+s)-X(s)\sim P(\lambda t)\ . \tag{3-1}$$

则称计数过程 $\{X(t),t>0\}$ 为具有参数 $\lambda>0$ 的齐次泊松过程.

在定义 3.4 中, $X(0)=0$ 表示计数从 0 时开始.

从齐次泊松过程的定义的条件（3）不难看出, 齐次泊松过程在区间 $(s,s+t]$ 上的增量分布只与区间长度 t 有关而与区间起点 s 无关, 也就是说相关事件在同时间长度的任何时段发生的频率是一样的, 所以齐次泊松过程还是一个**平稳增量过程**, 这也是"齐次"的含义.

$$E[X(t+s)-X(s)]=\lambda t\ \text{表示"事件 A"在长度为}\ f_{W_1}(s|X(t)=1)=\begin{cases}\dfrac{1}{t}, & 0<s<t,\\ 0, & \text{其他}\end{cases}\ \text{的时间内}$$

平均发生的次数, 而 $\dfrac{E[X(t+s)-X(s)]}{t}=\lambda$ 表示"事件 A"在单位时间内的发生次数. 故称 λ 为泊松过程"事件 A"发生的速率或强度, 简称泊松过程的强度, 也称为"事件 A"的到达率.

一个计数过程是否具有独立增量和平稳增量的性质, 是可根据该过程的实际背景做出判断的; 但一个过程的增量分布是否为泊松分布, 这个判别起来较为困难. 为了便于判别, 我们给出齐次泊松过程的另一个定义.

定义 3.5（齐次泊松过程）　若计数过程 $\{X(t),t>0\}$ 满足下列条件:

（1）$X(0)=0$;

（2）$X(t)$ 是独立增量过程;

（3）对充分小的 $h>0$, 在比较小的长度区间 $(t,\ t+h]$ 事件发生一次和多次（≥ 2）的概率为

$$P\{X(t+h)-X(t)=1\}=\lambda h+o(h)\ , \tag{3-2}$$

$$P\{X(t+h)-X(t)\geq 2\}=o(h)\ , \tag{3-3}$$

则称计数过程 $\{X(t),t>0\}$ 为具有参数 $\lambda>0$ 的齐次泊松过程.

在定义 3.5 中, 不需要准确判别增量服从什么分布, 只需要判别"在一个很小时间段内事件发生一次的概率是否和时间成正比, 而发生多次的概率几乎不可能"就可以, 相对而言, 这个性质比较容易判定, 而且许多实际过程可以认为是符合这个性质的, 所以这些计数过程都可以用齐次泊松过程来描述.

注意到定义 3.5 的条件（3）中, 在比较小的长度区间 $(t,t+h]$ 内发生一次和多次的概率只与区间长度 h 有关而与区间起点 t 无关, 所以定义 3.5 的过程实际上也蕴含了过程平稳增量的性质. 这点在下面的证明中可以得到确定.

我们来证明定义 3.4 和定义 3.5 是等价的.

定理 3.1　定义 3.4 和定义 3.5 是等价的.

证明　两个定义中的条件（1）和（2）相同, 所以只需证明条件（3）的等价性即可.

先证明:若过程符合定义 3.4, 则定义 3.5 中的条件（3）成立.

对充分小的 $h>0$, 由定义 3.4 中的条件（3）, 有

$$P\{[X(t+h)-X(t)]=0\}=\mathrm{e}^{-\lambda h}\ ,$$

$$P\{[X(t+h)-X(t)]=1\}=\lambda h\mathrm{e}^{-\lambda h},$$

$h\to 0$ 时, 由等价无穷小:

$$\mathrm{e}^{-\lambda h}-1\sim-\lambda h,\quad \lambda h\mathrm{e}^{-\lambda h}\sim\lambda h,$$

所以

$$P\{X(t+h)-X(t)=0\}=1-\lambda h+o(h),$$

$$P\{X(t+h)-X(t)=1\}=\lambda h+o(h),$$

而

$$P\{X(t+h)-X(t)\geqslant 2\}=1-P\{X(t+h)-X(t)=0\}-P\{X(t+h)-X(t)=1\}$$

$$=1-(1-\lambda h+o(h))-(\lambda h+o(h))$$

$$=-2o(h)\sim o(h).$$

故若符合定义 3.4, 则定义 3.5 中的(3)成立.

下面再证, 若过程符合定义 3.5, 则定义 3.4 中的条件(3)成立.

对固定的 $s>0$, 记

$$P_n(t)=P\{X(t+s)-X(s)=n\}\quad(t>0),\tag{3-4}$$

对充分小的 $h>0$, 有

$$P_0(t+h)=P\{X(t+h+s)-X(s)=0\}$$

$$=P\{X(t+s+h)-X(t+s)=0,X(t+s)-X(s)=0\}$$

$$=P\{X(t+s+h)-X(t+s)=0\}P\{X(t+s)-X(s)=0\}（根据独立增量）$$

$$=\left[1-\lambda h+o(h)\right]P_0(t)（根据定义 3.5 中条件(3)及式(3-4)）.$$

故

$$\frac{P_0(t+h)-P_0(t)}{h}=-\lambda P_0(t)+\frac{o(h)}{h}P_0(t).$$

上式令 $h\to 0$ 取极限得

$$P_0'(t)=-\lambda P_0(t).$$

解微分方程

$$\begin{cases}P_0'(t)=-\lambda P_0(t),\\ P_0(0)=1,\end{cases}$$

得

$$P_0(t)=\mathrm{e}^{-\lambda t}.\tag{3-5}$$

$n\geqslant 1$ 有

$$P_n(t+h)=P\{X(t+h+s)-X(s)=n\}$$

$$=P\{X(t+s+h)-X(t+s)=0,X(t+s)-X(s)=n\}+$$

$$P\{X(t+s+h)-X(t+s)=1,X(t+s)-X(s)=n-1\}+$$

$$\sum_{j=2}^{n}P\{X(t+s+h)-X(t+s)=j,X(t+s)-X(s)=n-j\}$$

$$=P\{X(t+s+h)-X(t+s)=0\}P\{X(t+s)-X(s)=n\}+$$

$$P\{X(t+s+h)-X(t+s)=1\}P\{X(t+s)-X(s)=n-1\}+$$

$$\sum_{j=2}^{n} P\{X(t+s+h)-X(t+s)=j\}P\{X(t+s)-X(s)=n-j\}\text{（根据独立增量）}$$
$$=\big(1-\lambda h+o(h)\big)P_n(t)+\big(\lambda h+o(h)\big)P_{n-1}(t)+o(h)\text{（根据定义 3.5 中（3））}$$
$$=(1-\lambda h)P_n(t)+\lambda hP_{n-1}(t)+o(h).$$

于是

$$\frac{P_n(t+h)-P_n(t)}{h}=-\lambda P_n(t)+\lambda P_{n-1}(t)+\frac{o(h)}{h}.$$

上式令 $h\to 0$，得

$$P_n'(t)=-\lambda P_n(t)+\lambda P_{n-1}(t),$$

为了方便积分，上式移项并两边同时乘 $\mathrm{e}^{\lambda t}$，得

$$\mathrm{e}^{\lambda t}\Big[P_n'(t)+\lambda P_n(t)\Big]=\lambda\mathrm{e}^{\lambda t}P_{n-1}(t).$$

因此

$$\frac{\mathrm{d}\big[\mathrm{e}^{\lambda t}P_n(t)\big]}{\mathrm{d}t}=\lambda\mathrm{e}^{\lambda t}P_{n-1}(t). \tag{3-6}$$

当 $n=1$ 时，有

$$\frac{\mathrm{d}\big[\mathrm{e}^{\lambda t}P_1(t)\big]}{\mathrm{d}t}=\lambda\mathrm{e}^{\lambda t}P_0(t)=\lambda\mathrm{e}^{\lambda t}\mathrm{e}^{-\lambda t}=\lambda,$$

上式两边同时积分得

$$\mathrm{e}^{\lambda t}P_1(t)=\lambda t+c.$$

注意到 $P_1(0)=p\{X(0+s)-X(s)=1\}=0$，得 $c=0$，所以：

$$P_1(t)=\lambda t\mathrm{e}^{-\lambda t}. \tag{3-7}$$

下面用数学归纳法证明，对于任意 $n(n=0,1,2\cdots)$，有

$$P_n(t)=\mathrm{e}^{-\lambda t}\frac{(\lambda t)^n}{n!}. \tag{3-8}$$

假设 $n-1$ 时式（3-8）成立，根据式（3-6）

$$\frac{\mathrm{d}\big[\mathrm{e}^{\lambda t}P_n(t)\big]}{\mathrm{d}t}=\lambda\mathrm{e}^{\lambda t}P_{n-1}(t)=\lambda\mathrm{e}^{\lambda t}\mathrm{e}^{-\lambda t}\frac{(\lambda t)^{n-1}}{(n-1)!}=\lambda\frac{(\lambda t)^{n-1}}{(n-1)!},$$

积分得

$$\mathrm{e}^{\lambda t}P_n(t)=\frac{(\lambda t)^n}{n!}+c.$$

注意到 $n>1$ 时，$P_n(0)=p\{X(0+s)-X(s)=n\}=0$，代入上式得 $c=0$，所以：

$$P_n(t)=\mathrm{e}^{-\lambda t}\frac{(\lambda t)^n}{n!}.$$

根据数学归纳法，式（3-8）对于任意 n 成立，即 $X(t+s)-X(s)\sim P(\lambda t)$ 服从参数为 $X(t)=n$ 的泊松分布，定义 3.4 中的条件（3）成立.

证毕.

（2）$\{N_1(t)+N_2(t),t \geq 0\}$ 是不是泊松过程?

2. $\{N_1(t),t \geq 0\}$ 和 $\{N_2(t),t \geq 0\}$ 分别是强度为 λ_1 和 λ_2 的泊松过程,且相互独立. 试回答在过程 T_1 的任意两个相邻事件发生的时间间隔内,$\{N_2(t),t \geq 0\}$ 有 W_n 个事件发生的概率为多大?

3. $\{N(t),t \geq 0\}$ 是参数为 Γ 的泊松过程,试计算:

（1）$P\{N(10)=9 \mid N(6)=4\}$;

（2）$P\{N(3)=2 \mid N(10)=8\}$;

（3）$P\{N(7)-N(4)=2\}$;

（4）$E[N(7)-N(4)]$.

4. 设某电话总机在 t 分钟内接到的电话呼叫数 $X(t)$ 是强度为 λ 的泊松过程,试求:

（1）在 3 分钟内接到 5 次呼叫的概率 P_1 ;

（2）已知 3 分钟内接到 5 次呼叫,且第 5 次呼叫在第 3 分钟到来的概率 P_2 .

5. 设 $\{X(t),t \geq 0\}$ 为强度为 λ 的泊松过程,试证明:

（1）$E(W_n)=\dfrac{n}{\lambda}$,即泊松过程第 n 次的到达时间的数学期望恰好是到达率(强度)倒数的 n 倍.

（2）$D(W_n)=\dfrac{n}{\lambda^2}$,即泊松过程第 n 次的到达时间的方差恰好是到达率(强度)平方的倒数的 n 倍.

6. $\{X(t),t \geq 0\}$ 是强度为 λ 的泊松过程;令 $Y(t)=X(t+b)-X(t),b>0$,求 $\{Y(t),t \in T\}$ 的均值函数和自相关函数.

7. 设随机电报信号过程为随机过程 $\{X(t),t \in [0,+\infty)\}$ 有

$$X(t)=A(-1)^{N(t)},$$

其中,$\{N(t),t \in [0,+\infty)\}$ 为泊松过程,$P(A=1)=P(A=-1)=\dfrac{1}{2}$,且 $N(t)$ 和 A 相互独立,试计算 $\{X(t),t \in [0,+\infty)\}$ 的均值函数和自相关函数.

第 4 章　非齐次泊松过程和复合泊松过程

§4.1　非齐次泊松过程

齐次泊松过程有一个重要的假定：事件在任何时间点的到达率（强度）是相同的，即 λ 是常数，但是实际中有许多计数过程不符合这个假定. 比如：某个路口通过的车辆，在上下班高峰期和在夜间单位时间内的车流量不相同；某旅游景点宾馆的预定热线在旅游旺季和淡季在单位时间内的来电数也不相同. 为了描述这种到达率和时间点有关的计数过程，我们将齐次泊松过程的常数 λ 变为一个时间的函数 $\lambda(t)$，引入非齐次泊松过程.

定义 4.1　若计数过程 $\{X(t), t>0\}$ 满足下列条件：

（1）$X(0)=0$；

（2）$X(t)$ 是独立增量过程；

（3）$P\{X(t+h)-X(t)=1\}=\lambda(t)h+o(h)$

　　　$P\{X(t+h)-X(t)\geqslant 2\}=o(h)$.

则称计数过程 $\{X(t), t>0\}$ 为具有函数 $\lambda(t)>0$ 的非齐次泊松过程.

类似于齐次泊松过程，非齐次泊松过程也有等价的定义.

定义 4.2　若计数过程 $\{X(t), t>0\}$ 满足下列条件：

（1）$X(0)=0$；

（2）$X(t)$ 是独立增量过程；

（3）对任意 $s, t>0$，$X(t)$ 在区间 $(s, s+t]$ 上的增量 $X(t+s)-X(s)$ 服从函数为 $\int_s^{s+t}\lambda(u)\mathrm{d}u$ 的泊松分布，即

$$X(t+s)-X(s)\sim P\left(\int_s^{s+t}\lambda(u)\mathrm{d}u\right).\tag{4-1}$$

则称计数过程 $\{X(t), t>0\}$ 为具有函数 $\lambda(t)>0$ 的非齐次泊松过程.

因为

$$\lim_{\Delta t\to 0+}\frac{E[X(t+\Delta t)-X(t)]}{\Delta t}=\lim_{\Delta t\to 0+}\frac{\int_t^{t+\Delta t}\lambda(u)\mathrm{d}u}{\Delta t}=\lambda(t),$$

所以称函数 $\lambda(t)>0$ 为非齐次泊松过程在时刻 t 时事件发生的瞬时速率或强度，也称该函数为泊松过程的到达率函数.

非齐次泊松过程不是平稳增量过程.

定理 4.1　定义 4.1 和定义 4.2 是等价的.

证明　只需证明两个定义中的（3）是等价，证明思路和齐次泊松过程的定理 3.1 的证明相同.

这里我们只证明：由定义 4.1 可以推出定义 4.2 的（3）.

对固定的 $s>0$，记

$$P_n(t) = P\{X(t+s)-X(s)=n\}，t>0，\tag{4-2}$$

对充分小的 $h>0$，有

$$
\begin{aligned}
P_0(t+h) &= P\{X(t+h+s)-X(s)=0\}\\
&= P\{X(t+s+h)-X(t+s)=0, X(t+s)-X(s)=0\}\\
&= P\{X(t+s+h)-X(t+s)=0\}P\{X(t+s)-X(s)=0\}\quad（根据独立增量）\\
&= \left[1-\lambda(t+s)h+o(h)\right]P_0(t)，\quad（根据定义 4.1 中的（3）及式（4-2））
\end{aligned}
$$

故

$$\frac{P_0(t+h)-P_0(t)}{h} = -\lambda(t+s)P_0(t) + \frac{o(h)}{h}P_0(t).$$

上式令 $h\to 0$ 取极限得

$$P_0'(t) = -\lambda(t+s)P_0(t)，$$

解微分方程

$$\frac{P_0'(t)}{P_0(t)} = -\lambda(t+s)，$$

两边同时积分得

$$\int_0^t \frac{P_0'(t)}{P_0(t)}\mathrm{d}t = -\int_0^t \lambda(t+s)\mathrm{d}t，$$

$$\ln P_0(t)-\ln P_0(0) = -\int_0^t \lambda(t+s)\mathrm{d}t \xrightarrow{\text{令}\,t+s=u} -\int_s^{s+t}\lambda(u)\mathrm{d}u.$$

注意到 $P_0(0)=1$，得

$$P_0(t) = \mathrm{e}^{-\int_s^{s+t}\lambda(u)\mathrm{d}u}.\tag{4-3}$$

当 $n\geqslant 1$ 时，有

$$
\begin{aligned}
P_n(t+h) &= P\{X(t+h+s)-X(s)=n\}\\
&= P\{X(t+s+h)-X(t+s)=0, X(t+s)-X(s)=n\}+\\
&\quad P\{X(t+s+h)-X(t+s)=1, X(t+s)-X(s)=n-1\}+\\
&\quad \sum_{j=2}^n P\{X(t+s+h)-X(t+s)=j, X(t+s)-X(s)=n-j\}\\
&= P\{X(t+s+h)-X(t+s)=0\}P\{X(t+s)-X(s)=n\}+\\
&\quad P\{X(t+s+h)-X(t+s)=1\}P\{X(t+s)-X(s)=n-1\}+\\
&\quad \sum_{j=2}^n P\{X(t+s+h)-X(t+s)=j\}P\{X(t+s)-X(s)=n-j\}\\
&= \left[1-\lambda(t+s)h\right]P_n(t)+\lambda(t+s)hP_{n-1}(t)+o(h).
\end{aligned}
$$

上面最后一个式子用到了定义 4.1 中（3）、式（4-2）.

于是

$$\frac{P_n(t+h)-P_n(t)}{h}=-\lambda(t+s)P_n(t)+\lambda(t+s)P_{n-1}(t)+\frac{o(h)}{h}\ .$$

上式令 $h\to 0$，得

$$P_n'(t)=-\lambda(t+s)P_n(t)+\lambda(t+s)P_{n-1}(t)\ .$$

为便于积分，上式进行移项并两边同时乘以 $e^{\int_s^{s+t}\lambda(u)\mathrm{d}u}$ 得

$$e^{\int_s^{s+t}\lambda(u)\mathrm{d}u}\left[P_n'(t)+\lambda(t+s)P_n(t)\right]=\lambda(t+s)P_{n-1}(t)e^{\int_s^{s+t}\lambda(u)\mathrm{d}u}.$$

因此

$$\frac{\mathrm{d}\left[P_n(t)e^{\int_s^{s+t}\lambda(u)\mathrm{d}u}\right]}{\mathrm{d}t}=\lambda(t+s)P_{n-1}(t)e^{\int_s^{s+t}\lambda(u)\mathrm{d}u}\ . \tag{4-4}$$

当 $n=1$ 时，有

$$\frac{\mathrm{d}\left[P_1(t)e^{\int_s^{s+t}\lambda(u)\mathrm{d}u}\right]}{\mathrm{d}t}=\lambda(t+s)P_0(t)e^{\int_s^{s+t}\lambda(u)\mathrm{d}u}=\lambda(t+s)e^{-\int_s^{s+t}\lambda(u)\mathrm{d}u}e^{\int_s^{s+t}\lambda(u)\mathrm{d}u}=\lambda(t+s)\ .$$

两边同时从 0 到 t 积分，并注意到 $P_1(0)=P\{X(0+s)-X(s)=1\}=0$，得

$$P_1(t)e^{\int_s^{s+t}\lambda(u)\mathrm{d}u}=\int_0^t\lambda(t+s)\mathrm{d}t\xrightarrow{\ 令 t+s=u\ }\int_s^{s+t}\lambda(u)\mathrm{d}u,$$

得

$$P_1(t)=e^{-\int_s^{s+t}\lambda(u)\mathrm{d}u}\int_s^{s+t}\lambda(u)\mathrm{d}u. \tag{4-5}$$

下面用数学归纳法证明，对于任意 n，有

$$P_n(t)=e^{-\int_s^{s+t}\lambda(u)\mathrm{d}u}\frac{\left(\int_s^{s+t}\lambda(u)\mathrm{d}u\right)^n}{n!}. \tag{4-6}$$

假设 $n-1$ 时式（4-5）成立，根据式（4-4），有

$$\frac{\mathrm{d}\left[P_n(t)e^{\int_s^{s+t}\lambda(u)\mathrm{d}u}\right]}{\mathrm{d}t}=\lambda(t+s)e^{-\int_s^{s+t}\lambda(u)\mathrm{d}u}\frac{\left(\int_s^{s+t}\lambda(u)\mathrm{d}u\right)^{n-1}}{(n-1)!}e^{\int_s^{s+t}\lambda(u)\mathrm{d}u}=\lambda(t+s)\frac{\left(\int_s^{s+t}\lambda(u)\mathrm{d}u\right)^{n-1}}{(n-1)!}.$$

两边同时从 0 到 t 积分，并注意到 $P_n(0)=P\{X(0+s)-X(s)=n\}=0,\ n\geqslant 1$，得

$$P_n(t)e^{\int_s^{s+t}\lambda(u)\mathrm{d}u}=\int_0^t\lambda(t+s)\frac{\left(\int_s^{s+t}\lambda(u)\mathrm{d}u\right)^{n-1}}{(n-1)!}\mathrm{d}t$$

$$=\int_0^t\frac{\left(\int_s^{s+t}\lambda(u)\mathrm{d}u\right)^{n-1}}{(n-1)!}\mathrm{d}\int_s^{s+t}\lambda(u)\mathrm{d}u=\frac{\left(\int_s^{s+t}\lambda(u)\mathrm{d}u\right)^n}{n!}.$$

得

$$P_n(t) = e^{-\int_s^{s+t} \lambda(u)du} \frac{\left(\int_s^{s+t} \lambda(u)du\right)^n}{n!}.$$

由数学归纳法知式(4-6)对一切 $g''_{X(t)}(0)$ 成立,即 $X(t+s) - X(s)$ 服从函数为 $\int_s^{s+t} \lambda(u)du$ 的泊松分布.

证毕.

例 4.1　设某营业厅的营业时间为上午 8 时至下午 16 时,$(8,t]$ 内来到营业厅的顾客数 $N(t)$ 为泊松过程,到达率函数为 $\lambda(t) = -t^2 + 24t - 128,\ 8 \leqslant t \leqslant 16$. 求上午 12 时至下午 13 时有 20 人来营业厅的概率.

解　根据定义 4.2 知,$N(13) - N(12)$ 服从函数为 $\int_{12}^{13} \lambda(t)dt$ 的泊松分布.

$$\int_{12}^{13} \lambda(t)dt = \int_{12}^{13}\left(-t^2 + 24t - 128\right)dt = \int_{12}^{13}\left(16 - (t-12)^2\right)dt = \frac{47}{3}.$$

所以　$P(N(13) - N(12) = 20) = \dfrac{e^{-\frac{47}{3}}\left(\frac{47}{3}\right)^{20}}{20!}.$

§4.2　复合泊松过程

在实际中有很多随机过程本身不是计数过程,但是和计数过程有关. 比如某人在保险公司买车辆保险,考虑该保险公司一年因该车辆出险而产生的总赔付额.

显然,总赔付额不是计数过程. 但是出险次数就是个计数过程,而且符合泊松过程的基本特征,而总赔付额与该车的出险次数以及每一次的赔付额有关,因此可以建立如下复合模型.

车辆在 $(0,t]$ 内出险次数 $N(t),t \geqslant 0$ 是一泊松过程,$\{Y_k, k = 1,2\cdots\}$ 表示每一次出险的赔付额,即保险公司的赔付额是一列独立同分布随机变量且与 $N(t)$ 独立,则该保险公司一年内因该车辆出险而产生的总赔付额为

$$X(t) = \sum_{k=1}^{N(t)} Y_k, \quad t \geqslant 0.$$

这种例子还有很多,比如商场到 t 时的营业额 $X(t)$ 可以由此时商场内的人数 $N(t)$ 和每一个人的消费额 $\{Y_k, k = 1,2\cdots\}$ 来表示:

$$X(t) = \sum_{k=1}^{N(t)} Y_k, \quad t \geqslant 0.$$

这一类模型称为复合泊松过程.

定义 4.3　设 $\{N(t),t \geqslant 0\}$ 是泊松过程,$\{Y_k, k = 1,2\cdots\}$ 是一列独立同分布随机变量,且与 $N(t)$ 独立,令

$$X(t) = \sum_{k=1}^{N(t)} Y_k, \quad t \geqslant 0, \tag{4-7}$$

则称 $\{X(t),t>0\}$ 为复合泊松过程.

由于复合泊松过程结构的复杂性,计算相关的概率分布比较困难,往往会关注这个过程的数字特征,我们研究复合泊松过程的性质、数字特征及特征函数.

定理 4.2 设 $\{N(t),t\geqslant 0\}$ 是一泊松过程, $\{Y_k,k=1,2\cdots\}$ 是一列独立同分布随机变量且与 $N(t)$ 独立,则复合泊松过程为

$$X(t)=\sum_{k=1}^{N(t)}Y_k, \quad t\geqslant 0 .$$

（1） $\{X(t),t>0\}$ 是独立增量过程;

（2）若 $\{N(t),t\geqslant 0\}$ 是齐次泊松过程,则 $\{X(t),t>0\}$ 还是平稳增量过程.

证明 （1）令 $0\leqslant s<t<u$,则增量为

$$X(t)-X(s)=\sum_{i=N(s)+1}^{N(t)}Y_i, X(u)-X(t)=\sum_{i=N(t)+1}^{N(u)}Y_i.$$

由 Y_i 相互独立和泊松过程的独立增量性质, $X(t)-X(s)$ 与 $X(u)-X(t)$ 相互独立,所以 $\{X(t),t>0\}$ 是独立增量过程.

（2） $0\leqslant s<t$ 时,

$X(t)-X(s)=\sum_{i=N(s)+1}^{N(t)}Y_i$ 的分布只与 Y_i 及泊松过程的增量 $N(t)-N(s)$ 有关,由于 Y_i 相互独立且同分布且齐次泊松过程具有平稳增量性,知 $\{X(t),t>0\}$ 是平稳增量过程.

定理 4.3 设 $E[X(s+t)-X(s)]=\lambda t$ 是参数为 λ 的齐次泊松过程, $\{Y_k,k=1,2\cdots\}$ 是一列独立同分布的随机变量且与 $N(t)$ 独立,复合泊松过程 $X(t)=\sum_{k=1}^{N(t)}Y_k$, $t\geqslant 0$ 有如下结论.

（1）若 $E(Y_1^2)<\infty$,则

$$E[X(t)]=\lambda t E(Y_1); \tag{4-8}$$

$$D[X(t)]=\lambda t E(Y_1^2) . \tag{4-9}$$

（2） $X(t)$ 的特征函数为

$$g_{X(t)}(u)=\mathrm{e}^{\lambda t[g_Y(u)-1]} . \tag{4-10}$$

其中, $g_Y(u)$ 是随机变量 Y_i 的特征函数.

证明 （1）根据定理 1.6 的结论（式（1-46）、式（1-47））可得

$$E[X(t)]=E[N(t)]E(Y_1)=\lambda t E(Y_1) ,$$

$$\begin{aligned}D[X(t)]&=E[N(t)]D(Y_1)+D[N(t)]E^2(Y_1)\\&=\lambda t[D(Y_1)+E^2(Y_1)]\\&=\lambda t E(Y_1^2) .\end{aligned}$$

（2）由全期望公式:

$$g_{X(t)}(\mu)=E[\mathrm{e}^{\mathrm{i}\mu X(t)}]=\sum_{n=0}^{\infty}E[\mathrm{e}^{\mathrm{i}\mu X(t)}\mid N(t)=n]P\{N(t)=n\}$$

$$= \sum_{n=0}^{\infty} E[\mathrm{e}^{\mathrm{i}\mu\sum_{k=1}^{n} Y_k} \mid N(t)=n]\mathrm{e}^{-\lambda t}\frac{(\lambda t)^n}{n!}$$

$$= \sum_{n=0}^{\infty} E[\mathrm{e}^{\mathrm{i}\mu\sum_{k=1}^{n} Y_k}]\mathrm{e}^{-\lambda t}\frac{(\lambda t)^n}{n!} \quad (\text{因为 } Y_k \text{ 与 } N(t) \text{ 相互独立})$$

$$= \sum_{n=0}^{\infty} [E\mathrm{e}^{\mathrm{i}\mu Y_1}]^n\mathrm{e}^{-\lambda t}\frac{(\lambda t)^n}{n!} \quad (Y_k, k=1,2,\cdots \text{ 相互独立且同分布})$$

$$= \sum_{n=0}^{\infty} [g_Y(\mu)]^n\mathrm{e}^{-\lambda t}\frac{(\lambda t)^n}{n!}$$

$$= \mathrm{e}^{-\lambda t}\sum_{n=0}^{\infty}\frac{(\lambda t g_Y(\mu))^n}{n!}$$

$$= \exp\{\lambda t[g_Y(\mu)-1]\} . \qquad\qquad \text{证毕.}$$

例 4.2　设 t 周内迁移到某地区定居的户数是一泊松过程,平均每周有 3 户来此地区定居. 每户的家庭成员人数相互独立且具有同分布的随机变量,其分布律为

每户人数	1	2	3
概率	0.2	0.3	0.5

求在 4 周内来此地区定居的人口数量的数学期望及方差.

解　设 $N(t)$ 是到 t 周为止到该地区定居的总户数,看作强度为 $\lambda=3$ 的泊松过程, $\{Y_k, k=1,2\cdots\}$ 是各户的人数. 则到 t 周为止到该地区定居的总人数为

$$X(t) = \sum_{k=1}^{N(t)} Y_k.$$

这是一复合泊松过程.

$$E(Y_1) = 1\times0.2 + 2\times0.3 + 3\times0.5 = 2.3 ,$$

$$E(Y_1^2) = 1^2\times0.2 + 2^2\times0.3 + 3^2\times0.5 = 5.9 .$$

根据定理 4.3 的结论(1)可得

$$E[X(4)] = 4\lambda E(Y_1) = 3\times4\times2.3 = 27.6 ,$$

$$D[X(4)] = 4\lambda E(Y_1^2) = 3\times4\times5.9 = 70.8 .$$

例 4.3　(续例 4.1)设某营业厅的营业时间为上午 8 时至下午 16 时, $(8,t]$ 内来到营业厅的顾客数 $N(t)$ 为泊松过程,到达率函数为 $\lambda(t) = -t^2 + 24t - 128,\ 8\leqslant t\leqslant16$. 若该营业厅只有一个服务窗口,窗口为每个顾客服务的时间在 $[0,0.5]$ 上服从均匀分布,求服务窗口在 12 时至 13 时实际为顾客服务的平均时间.

解　设 $\{Y_k, k=1,2\cdots\}$ 是每个顾客在窗口接受的服务时间, $X(t)$ 是到 t 时为止窗口为顾客服务的实际时间,则

$$X(t) = \sum_{k=1}^{N(t)} Y_k,$$

$$E[x(t)] = E[N(t)]E(Y_1).$$

服务窗口在 12 时至 13 时实际为顾客服务的时间为

$$\begin{aligned}
E\big[X(13) - X(12)\big] &= E\big[X(13)\big] - E\big[X(12)\big] \\
&= E\big[N(13)\big]E(Y_1) - E\big[N(12)\big]E(Y_1) \\
&= E\big[N(13) - N(12)\big]E(Y_1) \\
&= \frac{47}{3} \times 0.25 = \frac{47}{12}. \qquad \left(\text{注意到} N(13) - N(12) \sim P\left(\frac{47}{3}\right)\right)
\end{aligned}$$

例 4.4 设某仪器受到震动会引起损伤,若 $(0, t]$ 时间内震动次数 $N(t)$ 按强度为 λ 的泊松过程发生,第 k 次震动时引起的损伤为 D_k. $D_k, k = 1, 2 \cdots$ 相互独立且具有相同的分布,且与 $\{N(t), t \geq 0\}$ 相互独立. 又假设仪器受到震动而引起的损伤程度随时间按指数衰减,各次损伤可叠加. 求 t 时的总平均损伤程度.

解 每次震动引起的初始损伤程度为 D_k,经时间 $\{X(t), t \geq 0\}$ 后衰减为

$$D_k \mathrm{e}^{-\alpha t} \quad m(t) = E\big[X(t)\big] = \lambda t .$$

W_k 为第 k 次受到震动的时刻,则在 t 时刻的总损伤为

$$D(t) = \sum_{k=1}^{N(t)} \Big[D_k \mathrm{e}^{-\alpha(t - W_k)}\Big],$$

本例最终要求解的是 $E[D(t)]$.

$D(t)$ 是由泊松过程和其他随机过程形成的复合过程,是比定义 4.3 更复杂的复合泊松过程,这里加项 $D_k \mathrm{e}^{-\alpha(t - W_k)}, k = 1, 2, \cdots$ 之间并非独立同分布的,所以定理 4.3 的结论不能直接使用.

我们用全期望公式求解.

$$\begin{aligned}
E[D(t) | N(t) = n] &= E\left\{ \sum_{k=1}^{N(t)} \Big[D_k \mathrm{e}^{-\alpha(t - W_k)}\Big] \Big| N(t) = n \right\} \\
&= E\left\{ \sum_{k=1}^{n} \Big[D_k \mathrm{e}^{-\alpha(t - W_k)}\Big] \Big| N(t) = n \right\} \\
&= \sum_{k=1}^{n} E\Big[D_k \mathrm{e}^{-\alpha(t - W_k)} \big| N(t) = n\Big] \\
&= \sum_{k=1}^{n} E[D_k | N(t) = n] E[\mathrm{e}^{-\alpha(t - W_k)} | N(t) = n] \quad (D_k \text{与} W_k \text{相互独立}) \\
&= \sum_{k=1}^{n} \mathrm{e}^{-\alpha t} ED_k E[\mathrm{e}^{\alpha W_k} | N(t) = n] \quad (D_k \text{与} N(t) \text{相互独立}) \\
&= \mathrm{e}^{-\alpha t} ED_1 \sum_{k=1}^{n} E[\mathrm{e}^{\alpha W_k} | N(t) = n] .
\end{aligned}$$

设 $U_1, U_2, \cdots, U_n$ 在 $(0, t]$ 上服从均匀分布且相互独立, $U_{(1)}, U_{(2)}, \cdots, U_{(n)}$ 为其顺序统计量,根据定理 3.8 的注, $\big(W_1, W_2, \cdots, W_n\big)$ 与 $\big(U_{(1)}, U_{(2)}, \cdots, U_{(n)}\big)$ 具有相同分布,所以有

$$E[D(t) | N(t) = n] = \mathrm{e}^{-\alpha t} E(D_1) \sum_{k=1}^{n} E[\mathrm{e}^{\alpha W_k} | N(t) = n]$$

$$= \mathrm{e}^{-\alpha t} E(D_1) E[\sum_{k=1}^{n} \mathrm{e}^{\alpha W_k} | N(t) = n]$$

$$= \mathrm{e}^{-\alpha t} E(D_1) E[\sum_{k=1}^{n} \mathrm{e}^{\alpha U_{(k)}}]$$

$$= \mathrm{e}^{-\alpha t} E(D_1) E[\sum_{k=1}^{n} \mathrm{e}^{\alpha U_k}]$$

$$= n \mathrm{e}^{-\alpha t} E(D_1) E(\mathrm{e}^{\alpha U_1})$$

$$= n E(D_1) \mathrm{e}^{-\alpha t} \frac{1}{t} \int_0^t \mathrm{e}^{\alpha x} \mathrm{d}x$$

$$= \frac{n}{\alpha t} E(D_1)(1 - \mathrm{e}^{-\alpha t}) \ .$$

则

$$E[D(t)] = \sum_{n=0}^{+\infty} E[D(t) | N(t) = n] P[N(t) = n]$$

$$= \sum_{n=0}^{+\infty} \frac{n}{\alpha t} E(D_1)(1 - \mathrm{e}^{-\alpha t}) P[N(t) = n]$$

$$= \frac{(1 - \mathrm{e}^{-\alpha t}) E(D_1)}{\alpha t} \sum_{n=0}^{+\infty} n P[N(t) = n]$$

$$= \frac{(1 - \mathrm{e}^{-\alpha t}) E(D_1)}{\alpha t} E[N(t)]$$

$$= \frac{\lambda t}{\alpha t} E(D_1)(1 - \mathrm{e}^{-\alpha t})$$

$$= \frac{\lambda}{\alpha} E(D_1)(1 - \mathrm{e}^{-\alpha t}) \ .$$

习题 4

1. $\{N(t), t \geq 0\}$ 是强度为 $[0, t]$ 的泊松过程，$\{Y_k, k = 1, 2 \cdots\}$ 是一列独立同分布随机变量，且与 $N(t)$ 独立. 试回答：

（1）复合泊松过程 T_1 是不是泊松过程?

（2）若 $\frac{1}{\lambda}$ 服从（0-1）分布，复合泊松过程 T_1 是不是泊松过程?

（3）设 $P\{X(s+t) - X(s) = 0 | T_1 = s\}$ 内到达商场的顾客人数 $N(t)$ 是强度为 $[0, t]$ 的泊松过程，到商场的每位顾客购物的概率为 s，写出该商场 $(0, t]$ 内购物人数在强度为 $1/\lambda$ 时的表达式，并分析这是什么过程?

2. 考虑一个非齐次泊松过程 $\{X(t), t > 0\}$，其中

$$\lambda(t) = \frac{1}{2}(1 + \cos \omega t) \ .$$

试求 n 和 $W_1 = T_1$.

3. 某镇有一个小商店，每日 8 时开始营业，从 8 时至 11 时顾客平均到达率线性增加.

8 时的顾客平均达到率为 5 人/时; 11 时的顾客平均到达率达最高峰 20 人/时; 从 11 时至 13 时, 顾客平均到达率不变, 为 20 人/时; 从 13 时至 17 时, 顾客到达率线性下降, 17 时的顾客平均到达率为 12 人/时. 假设在不重叠的时间间隔内到达商店的顾客数是相互独立的, 问在 8:30 至 9:30 间无顾客到达商店的概率是多少? 在这段时间内到达商店的顾客的数学期望是多少?

4. 假设乘客按照强度为 λ 的泊松过程 $X(t)$ 来到一个火车站. 若火车在时刻 t 启程, 试计算在 $(0,t]$ 内到达乘客的等待时间总和的期望, 即求 $E\left[\sum\limits_{i=1}^{X(t)}(t-W_i)\right]$, 其中 W_i 是第 i 位乘客到达的时刻.

第 5 章　马尔可夫链

在实际中,我们会遇到这样一类随机过程:过程将来的状态只与目前的状态有关,而与更早前的状态无关,我们称这个性质为马尔可夫性或无后效性.具有马尔可夫性或无后效性的过程称为马尔可夫过程,我们用条件分布函数来描述无后效性.

定义 5.1　如果对时间 t 的任意 $n+1$ 个数值, $t_1 < t_2 < \cdots < t_n < t_{n+1} \in T$,有

$$P\{X(t_{n+1}) \leqslant x_{n+1} \mid X(t_1) = x_1, \cdots, X(t_n) = x_n\} = P\{X(t_{n+1}) \leqslant x_{n+1} \mid X(t_n) = x_n\} \quad . \quad (5\text{-}1)$$

则称 $\{X(t), t \in T\}$ 具有马尔可夫性或无后效性,并称此过程为马尔可夫过程.

常见的马尔可夫过程有以下三类:

(1)时间和状态都离散的马尔可夫过程,称为马尔可夫(Markov)链;

(2)时间连续、状态离散的马尔可夫过程,称为纯不连续的马尔可夫过程;

(3)时间和状态都连续的马尔可夫过程.

本章我们只讨论马尔可夫链.

以下在讨论与一般马尔可夫链有关的定理、定义和性质时,如果没有特别说明,我们都假定:时间集为 $T = \{0, 1, 2, \cdots\}$,状态集为 $I = \{1, 2, \cdots\}$,状态集中的 $1, 2, \cdots$ 表示状态的序号,即表示第 1 种、第 2 种状态.

对于具体的马尔可夫链,其时间集和状态集视具体情况而定.

§5.1　马尔可夫链的定义和基本概念

马尔可夫链是时间和状态都离散的马尔可夫过程,其无后效性可以用条件分布律来描述.

定义 5.2　设有随机过程 $\{X_m, m \in T\}$,若对任意的 $t_1, t_2, \cdots, t_{n+1} \in T$ 和任意的 $i_1, i_2, \cdots, i_{n+1} \in I$ 及 $t_1 < t_2 < \cdots < t_n < t_{n+1}$,有

$$P\{X_{t_{n+1}} = i_{n+1} \mid X_{t_1} = i_1, \cdots, X_{t_n} = i_n\} = P\{X_{t_{n+1}} = i_{n+1} \mid X_{t_n} = i_n\} , \quad (5\text{-}2)$$

则称 $\{X_m, m \in T\}$ 为马尔可夫链,简称马氏链.

条件概率 $P\{X_{m+n} = j \mid X_m = i\}$ 是马尔可夫链研究中的一个重要问题.

定义 5.3　对任意 $i, j \in I$,称条件概率:

$$p_{ij}^{(n)}(m) = P\{X_{m+n} = j \mid X_m = i\} \quad (5\text{-}3)$$

为马尔可夫链 $\{X_n, n \in T\}$ 在 m 时刻处于状态 i 经 n 步转为状态 j 的 n 步转移概率;称马尔可夫链的一步转移概率:

$$p_{ij}^{(1)}(m) = P\{X_{m+1} = j \mid X_m = i\}$$

为马尔可夫链的转移概率,简记为 $p_{ij}(m)$.

当 $p_{ij}^{(n)}(m)$ 不依赖于 m 时,称该马尔可夫链是齐次的,并记 $p_{ij}^{(n)}(m)$ 为 $p_{ij}^{(n)}$. 齐次马尔可夫链的转移概率 $p_{ij}^{(1)}$ 又记为 p_{ij},即

$$p_{ij} = p_{ij}^{(1)} = P\{X_{m+1} = j \mid X_m = i\} . \tag{5-4}$$

以下,我们讨论的马尔可夫链都是齐次的.

定义 5.4 称齐次马尔可夫链的所有 n 步转移概率 $p_{ij}^{(n)}$ 形成的矩阵:

$$\boldsymbol{P}^{(n)} = \left(p_{ij}^{(n)} \right)_{i,j \in I} \tag{5-5}$$

为齐次马尔可夫链的 n 步转移概率矩阵.

齐次马尔可夫链的一步转移概率矩阵 $\boldsymbol{P}^{(1)}$ 称为该马尔可夫链的转移概率矩阵,记为 $\boldsymbol{P}$,即

$$\boldsymbol{P} = \boldsymbol{P}^{(1)} = \left(p_{ij} \right)_{i,j \in I} . \tag{5-6}$$

性质 5.1 n 步转移概率矩阵具有下列性质 $(n \geq 1)$:

（1）$p_{ij}^{(n)} \geq 0 \quad (i,j \in I)$;

（2）$\sum\limits_{j \in I} p_{ij}^{(n)} = 1 \quad (i \in I)$. \tag{5-7}

定义 5.5 若矩阵所有的元素为非负值,且每行元素之和为 1,称这样的矩阵为**随机矩阵**.

性质 5.1 表明,马尔可夫链的 n 步转移概率矩阵是随机矩阵 $(n \geq 1)$.

此外,我们规定 0 步转移概率为

$$p_{ij}^{(0)} = \begin{cases} 0 & (i \neq j), \\ 1 & (i = j). \end{cases} \tag{5-8}$$

相应地,0 步转移概率矩阵为

$$\boldsymbol{P}(0) = \left(p_{ij}^{(0)} \right)_{i,j \in I} . \tag{5-9}$$

显然,0 步转移概率矩阵为单位阵,也是随机矩阵.

例 5.1（简单信号模型） 在某数字通信系统中,只传输 0、1 两种信号,且传输要经过很多级. 每级中由于噪声的存在会引起误传. 假设每级输入 0、1 信号后,其输出不产生误传的概率分别为 0.7、0.6. 记 $\xi(n)$ 为第 n 级的输出信号. $\{\xi(n), n \geq 0\}$ 是否为马尔可夫链? 若是,求其一步转移概率矩阵.

解 由通信系统信号传播的描述"假设每级输入 0、1 信号后,其输出不产生误传的概率分别为 0.7、0.6"可知,该系统下一级的信号只与当前信号(状态)有关,与当前所处是传输的第几级无关,也与之前的信号如何传输无关,所以这是齐次马尔可夫链. 状态空间为 $I = \{0,1\}$,

$$p_{00} = P\{X_{m+1} = 0 \mid X_m = 0\} = 0.7 ,$$

$$p_{10} = P\{X_{m+1} = 0 \mid X_m = 1\} = 0.4 .$$

转移概率矩阵为:

$$\boldsymbol{P} = \begin{pmatrix} 0.7 & 0.3 \\ 0.4 & 0.6 \end{pmatrix}.$$

注　在这个例子中 p_{ij} 中的 i,j 表示状态的实际值,不是状态的序号.

p_{ij} 中的 i,j 是表示状态的序号还是表示状态的实际值,是依表达的方便而定的,必要时需要加以说明.

例 5.2(有限随机游动)　一质点 Q 在如图 5-1 所示的点集 $I=\{1,2,3,4,5\}$ 上做随机游动,并且仅在 1 秒、2 秒等时刻发生游动.游动的规则:如果 Q 现在位于点 $i(1<i<5)$,则下一时刻各以 $\frac{1}{3}$ 的概率向左或向右移动一格,或以 $\frac{1}{3}$ 的概率留在原处;如果 Q 现在位于 1(或 5)点上,则下一时刻就以概率 1 移动到 2(或 4)点上.质点的游动是否为马尔可夫链? 若是,求其一步转移概率矩阵.

解　$X(n)$ 表示 n 时刻 Q 的位置,显然质点下一步所处的位置只与当前所处的位置有关,与当前时刻和之前的位置变化无关,所以这是齐次马尔可夫链.

状态空间 $I=\{1,2,3,4,5\}$,如图 5-1 所示.

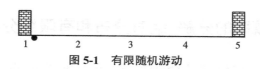

图 5-1　有限随机游动

转移概率矩阵为

$$\boldsymbol{P}=\begin{pmatrix} 0 & 1 & 0 & 0 & 0 \\ \frac{1}{3} & \frac{1}{3} & \frac{1}{3} & 0 & 0 \\ 0 & \frac{1}{3} & \frac{1}{3} & \frac{1}{3} & 0 \\ 0 & 0 & \frac{1}{3} & \frac{1}{3} & \frac{1}{3} \\ 0 & 0 & 0 & 1 & 0 \end{pmatrix}.$$

上面这种游动称为带有两个反射壁的随机游动,1 和 5 这两点称为反射壁.

若将游动的概率规则做如下变动:质点 1、3、4 的游动规则不变;质点一旦到了 5 点,便永远停在 5 点,游动结束.则对应的转移概率矩阵为

$$\boldsymbol{P}=\begin{pmatrix} 0 & 1 & 0 & 0 & 0 \\ \frac{1}{3} & \frac{1}{3} & \frac{1}{3} & 0 & 0 \\ 0 & \frac{1}{3} & \frac{1}{3} & \frac{1}{3} & 0 \\ 0 & 0 & \frac{1}{3} & \frac{1}{3} & \frac{1}{3} \\ 0 & 0 & 0 & 0 & 1 \end{pmatrix}.$$

称状态 5 为吸收态.吸收态是位于对角线上的概率 1 所对应的状态.吸收态也是马尔可夫链研究的一个问题.但是本教材对此不做过多讨论.

在这个例子中 p_{ij} 中的 i,j 表示状态的序号,也是状态的实际值,两者一致.

例 5.3(无限制随机游动)　质点在数轴的整点上做随机游动,每次移动一格.向右移动的概率为 p ,向左移动的概率为 q ($p+q=1$). $X(n)$ 表示质点在 n 时所处的位置,则 $X(n)$ 是一齐次马尔可夫链,写出其一步转移概率.

解　状态空间 $I=\{0,\pm1,\pm2,\cdots\}$,转移概率 $p_{i,i+1}=p, p_{i,i-1}=q$,所以转移概率矩阵为

$$
\boldsymbol{P}=\begin{pmatrix}
\vdots & \vdots & \vdots & \vdots & & \cdots \\
\cdots & 0 & p & & & \cdots \\
\cdots & q & 0 & p & & \cdots \\
\cdots & & q & 0 & p & \cdots \\
& \vdots & \vdots & \vdots & \vdots &
\end{pmatrix}.
$$

在这个例子中, p_{ij} 中的 i,j 表示状态的实际值.

由例 5.3 可知,一个马尔可夫链的一步转移概率矩阵由过程的特性描述可以写出.

§5.2　多步转移概率的分解、绝对分布和有限维分布

讨论马尔可夫链的多步转移概率的分解、绝对分布和有限维分布时,要用到的基本方法和公式包括:划分、全概率公式、乘法公式、条件概率的乘法公式以及马尔可夫过程的无后效性.

下面我们补充给出条件概率的乘法公式.

例 5.4(条件概率的乘法公式)　设 Ω 为随机试验的样本空间, B 和 A_i ($i=1,2,\cdots,n$)是随机事件,证明:

$$P(A_1A_2\cdots A_n|B)=P(A_1|B)P(A_2|A_1B)\cdots P(A_n|A_1A_2\cdots A_{n-1}B). \tag{5-10}$$

证明

$$
\begin{aligned}
P(A_1A_2\cdots A_n|B) &= \frac{P(A_1A_2\cdots A_nB)}{P(B)} \\
&= \frac{P(B)P(A_1|B)P(A_2|A_1B)\cdots P(A_n|A_1\cdots A_{n-1}B)}{P(B)} \\
&= P(A_1|B)P(A_2|A_1B)\cdots P(A_n|A_1\cdots A_{n-1}B).
\end{aligned}
$$

证毕.

定理 5.1　 $\{X_n, n\in T\}$ 为马尔可夫链,则对任意整数 $n\geqslant0$, $0\leqslant l\leqslant n$ 和 $i,j\in I$,有

$$p_{ij}^{(n)}=\sum_{k\in I}p_{ik}^{(l)}p_{kj}^{(n-l)}. \tag{5-11}$$

证明

$$
\begin{aligned}
p_{ij}^{(n)} &= P\{X_{m+n}=j\,|\,X_m=i\} \\
&= \sum_{k\in I}P\{X_{m+l}=k, X_{m+n}=j\,|\,X_m=i\} \quad\text{（划分）} \\
&= \sum_{k\in I}P\{X_{m+l}=k\,|\,X_m=i\}P\{X_{m+n}=j\,|\,X_m=i, X_{m+l}=k\} \quad\text{（条件乘法公式）}
\end{aligned}
$$

$$= \sum_{k \in I} P\{X_{m+l} = k \mid X_m = i\} P\{X_{m+n} = j \mid X_{m+l} = k\} \quad （无后效性）$$

$$= \sum_{k \in I} p_{ik}^{(l)} p_{kj}^{(n-l)} . \qquad\qquad 证毕.$$

式（5-11）称为切普曼-克尔莫格洛夫方程，简称 C-K 方程，它将 n 步转移概率分解为更低步的转移概率. 所以定理 5.1 也可以称为 n 步转移概率的分解定理，C-K 方程是马尔可夫链研究中的重要公式之一.

不难验证 C-K 方程可以用转移概率矩阵等价地表示为

$$\boldsymbol{P}^{(n)} = \boldsymbol{P}^{(l)} \boldsymbol{P}^{(n-l)} \quad （0 \le l \le n） . \tag{5-12}$$

注 1　式（5-12）中取 $l=1$，得

$$\boldsymbol{P}^{(n)} = \boldsymbol{P} \boldsymbol{P}^{(n-1)} . \tag{5-13}$$

与式（5-13）等价的转移概率表达式为

$$p_{ij}^{(n)} = \sum_{k \in I} p_{ik} p_{kj}^{(n-1)} . \tag{5-14}$$

注 2　利用式（5-13）递推可得

$$\boldsymbol{P}^{(n)} = \boldsymbol{P} \boldsymbol{P}^{(n-1)} = \boldsymbol{P} \cdot \boldsymbol{P} \cdot \boldsymbol{P}^{(n-2)} = \cdots = \boldsymbol{P}^n . \tag{5-15}$$

式（5-15）表明：所有马尔可夫链的 n 步转移概率完全由其一步转移概率确定.

例 5.5　马尔可夫链的转移概率矩阵为

$$\boldsymbol{P} = \begin{pmatrix} 0.1 & 0.4 & 0.5 \\ 0 & 0.6 & 0.4 \\ 0.2 & 0 & 0.8 \end{pmatrix} ，求 p_{12}^{(2)}, p_{31}^{(2)}, p_{23}^{(3)} .$$

解　在这个例子中，关于状态没有特别说明，p_{ij} 中的 i, j 表示状态的序号.

$$p_{12}^{(2)} = (0.1 \quad 0.4 \quad 0.5) \begin{pmatrix} 0.4 \\ 0.6 \\ 0 \end{pmatrix} = 0.28 ,$$

$$p_{31}^{(2)} = (0.2 \quad 0 \quad 0.8) \begin{pmatrix} 0.1 \\ 0 \\ 0.2 \end{pmatrix} = 0.18 ,$$

$$p_{23}^{(3)} = (0 \quad 0.6 \quad 0.4) \begin{pmatrix} p_{13}^{(2)} \\ p_{23}^{(2)} \\ p_{33}^{(2)} \end{pmatrix} = (0 \quad 0.6 \quad 0.4) \boldsymbol{P} \begin{pmatrix} p_{13} \\ p_{23} \\ p_{33} \end{pmatrix}$$

$$= (0 \quad 0.6 \quad 0.4) \begin{pmatrix} 0.1 & 0.4 & 0.5 \\ 0 & 0.6 & 0.4 \\ 0.2 & 0 & 0.8 \end{pmatrix} \begin{pmatrix} 0.5 \\ 0.4 \\ 0.8 \end{pmatrix}$$

$$= 0.632 .$$

我们把马尔可夫链的一维分布称为绝对分布，一维分布是有限维分布中最简单的情形，有如下定义.

定义 5.6 设 $\{X_n, n \geq 0\}$ 为马尔可夫链,则对任意整数 $n \geq 0$,$j \in I$,称

$$\pi_j(n) = P\{X_n = j\} \qquad (5\text{-}16)$$

为绝对概率;称向量

$$\boldsymbol{\pi}(n) = (\pi_j(n))_{j \in I} \qquad (5\text{-}17)$$

为绝对分布.

显然,绝对概率满足:

$$\sum_{j \in I} \pi_j(n) = 1 \quad (n \geq 0). \qquad (5\text{-}18)$$

特别地,当 $n = 0$ 时,绝对概率

$$\pi_j(0) = P\{X_0 = j\} \qquad (5\text{-}19)$$

又称为初始概率;将

$$\boldsymbol{\pi}(0) = (\pi_j(0))_{j \in I} \qquad (5\text{-}20)$$

称为初始分布.

定理 5.2 设 $\{X_n, n \geq 0\}$ 为马尔可夫链,则对任意 $j \in I$ 和 $n \geq 0$,绝对概率 $\pi_j(n)$ 满足:

$$\pi_j(n) = \sum_{i \in I} \pi_i(0) p_{ij}^{(n)}. \qquad (5\text{-}21)$$

式(5-21)可用向量表示为

$$\boldsymbol{\pi}(n) = \boldsymbol{\pi}(0) \boldsymbol{P}^{(n)}. \qquad (5\text{-}22)$$

证明

$$\begin{aligned}
\pi_j(n) &= P\{X_n = j\} \\
&= \sum_{i \in I} P\{X_0 = i, X_n = j\} \quad (\text{划分}) \\
&= \sum_{i \in I} P\{X_0 = i\} P\{X_n = j \mid X_0 = i\} \quad (\text{乘法公式}) \\
&= \sum_{i \in I} \pi_i(0) p_{ij}^{(n)}. \qquad\qquad\qquad\qquad\qquad\qquad \text{证毕.}
\end{aligned}$$

由此可知,马尔可夫链的绝对概率由其初始概率和一步转移概率完全确定.

根据 C-K 方程,式(5-22)还可以写为

$$\boldsymbol{\pi}(n) = \boldsymbol{\pi}(0) \boldsymbol{P}^{(l)} \boldsymbol{P}^{(n-l)} = \boldsymbol{\pi}(l) \boldsymbol{P}^{(n-l)} \quad (0 \leq l \leq n). \qquad (5\text{-}23)$$

例 5.6 马尔可夫链的初始分布为 $\boldsymbol{\pi}(0) = (0.4 \quad 0.4 \quad 0.2)$,转移概率矩阵为

$$\boldsymbol{P} = \begin{pmatrix} 0.7 & 0.3 & 0 \\ 0 & 0.5 & 0.5 \\ 0.2 & 0 & 0.8 \end{pmatrix}, \text{求}$$

(1) $P\{X_1 = 3\}$;

(2) $P\{X_2 = 2\}$;

(3) $P\{X_1 = 2, X_2 = 3, X_4 = 1, X_5 = 2\}$.

解 在这个例子中,关于状态没有特别说明,p_{ij} 中的 i,j 表示状态的序号.

（1）$P\{X_1 = 3\} = \boldsymbol{\pi}(0)\begin{pmatrix} 0 \\ 0.5 \\ 0.8 \end{pmatrix} = \begin{pmatrix} 0.4 & 0.4 & 0.2 \end{pmatrix}\begin{pmatrix} 0 \\ 0.5 \\ 0.8 \end{pmatrix} = 0.36$.

（2）$P\{X_2 = 2\} = \boldsymbol{\pi}(0)\begin{pmatrix} p_{12}^{(2)} \\ p_{22}^{(2)} \\ p_{32}^{(2)} \end{pmatrix} = \boldsymbol{\pi}(0)\boldsymbol{P}\begin{pmatrix} p_{12} \\ p_{22} \\ p_{32} \end{pmatrix}$

$$= \begin{pmatrix} 0.4 & 0.4 & 0.2 \end{pmatrix}\begin{pmatrix} 0.7 & 0.3 & 0 \\ 0 & 0.5 & 0.5 \\ 0.2 & 0 & 0.8 \end{pmatrix}\begin{pmatrix} 0.3 \\ 0.5 \\ 0 \end{pmatrix}$$

$$= 0.256 \ .$$

（3）这是一个马尔可夫链的三维分布.

$P\{X_1 = 2, X_2 = 3, X_4 = 1, X_5 = 2\}$

$= P\{X_1 = 2\}P\{X_2 = 3 \mid X_1 = 2\}P\{X_4 = 1 \mid X_1 = 2, X_2 = 3\}P\{X_5 = 2 \mid X_1 = 2, X_2 = 3, X_4 = 1\}$

$= P\{X_1 = 2\}P\{X_2 = 3 \mid X_1 = 2\}P\{X_4 = 1 \mid X_2 = 3\}P\{X_5 = 2 \mid X_4 = 1\} = P\{X_1 = 2\}p_{23}p_{31}^{(2)}p_{12}$

$$= 0.256 \times 0.5 \times \begin{pmatrix} 0.2 & 0 & 0.8 \end{pmatrix}\begin{pmatrix} 0.7 \\ 0 \\ 0.2 \end{pmatrix} \times 0.3$$

$= 0.014\ 4.$

上例最后一问就是马尔可夫链的三维分布问题, 同样的方法可以用到任意有限维分布.

定理 5.3（齐次马尔可夫链的有限维分布）　设 $\{X_n, n \in T\}$ 为马尔可夫链, 则对任意整数 $m \geq 1$ 和 $n_1 < n_2 < \cdots < n_m$, $n_1, n_2, \cdots n_m \in T$, $i_1, i_2, \cdots i_m \in I$ 有

$$P(X(n_1) = i_1, X(n_2) = i_2, \cdots, X(n_m) = i_m)$$

$$= P(X(n_1) = i_1)p_{i_1 i_2}^{(n_2 - n_1)}\cdots p_{i_{m-1} i_m}^{(n_m - n_{m-1})}$$

$$= p_{i_1 i_2}^{(n_2 - n_1)}\cdots p_{i_{m-1} i_m}^{(n_m - n_{m-1})}\sum_k \pi_k(0)p_{k i_1}^{(n_1)} \ . \qquad (5\text{-}24)$$

证明

$$P(X(n_1) = i_1, X(n_2) = i_2, \cdots, X(n_m) = i_m)$$

$$= P\{X(n_1) = i_1\}P\{X(n_2) = i_2 \mid X(n_1) = i_1\}\cdots$$

$$\qquad P\{X(n_m) = i_m \mid X(n_1) = i_1, X(n_2) = i_2, \cdots, X(n_{m-1}) = i_{m-1}\} \quad （乘法公式）$$

$$= P\{X(n_1) = i_1\}P\{X(n_2) = i_2 \mid X(n_1) = i_1\}\cdots$$

$$\qquad P\{X(n_m) = i_m \mid X(n_{m-1}) = i_{m-1}\} \quad （无后效性）$$

$$= P\{X(n_1) = i_1\}p_{i_1 i_2}^{(n_2 - n_1)}\cdots p_{i_{m-1} i_m}^{(n_m - n_{m-1})}$$

$$= p_{i_1 i_2}^{(n_2 - n_1)}\cdots p_{i_{m-1} i_m}^{(n_m - n_{m-1})}\sum_{k \in I} \pi_k(0)p_{k i_1}^{(n_1)} \ . \qquad\qquad 证毕.$$

定理 5.3 说明, 马尔可夫链的有限维分布完全由它的初始概率和一步转移概率所决定.

例 5.7 设 $\{X_n, n \geqslant 0\}$ 是具有三个状态的齐次马尔可夫链,初始分布 $P\{X_0 = i\} = \dfrac{1}{3}$
$(i = 0, 1, 2)$,其一步转移概率矩阵为

$$\boldsymbol{P} = \begin{pmatrix} \dfrac{3}{4} & \dfrac{1}{4} & 0 \\ \dfrac{1}{4} & \dfrac{1}{2} & \dfrac{1}{4} \\ 0 & \dfrac{3}{4} & \dfrac{1}{4} \end{pmatrix}.$$

求(1) $P\{X_5 = 2 \mid X_3 = 1\}$;

(2) $P\{X_2 = 1\}$;

(3) $P\{X_0 = 1, X_1 = 2, X_3 = 1\}$;

(4) $P\{X_1 = 2, X_3 = 1\}$.

解 (1) p_{ij} 中的 i, j 表示状态实际值.

$$P\{X_5 = 2 \mid X_3 = 1\} = p_{12}^{(2)} = \begin{pmatrix} \dfrac{1}{4} & \dfrac{1}{2} & \dfrac{1}{4} \end{pmatrix} \begin{pmatrix} 0 \\ \dfrac{1}{4} \\ \dfrac{1}{4} \end{pmatrix}$$

$$= \dfrac{1}{4} \times 0 + \dfrac{1}{2} \times \dfrac{1}{4} + \dfrac{1}{4} \times \dfrac{1}{4} = \dfrac{3}{16}.$$

(2) 由 $\boldsymbol{\pi}(0) = \begin{pmatrix} \dfrac{1}{3} & \dfrac{1}{3} & \dfrac{1}{3} \end{pmatrix}$,

$$P\{X_2 = 1\} = \begin{pmatrix} \dfrac{1}{3} & \dfrac{1}{3} & \dfrac{1}{3} \end{pmatrix} \begin{pmatrix} p_{01}^{(2)} \\ p_{11}^{(2)} \\ p_{21}^{(2)} \end{pmatrix}$$

$$= \begin{pmatrix} \dfrac{1}{3} & \dfrac{1}{3} & \dfrac{1}{3} \end{pmatrix} \boldsymbol{P} \begin{pmatrix} p_{01} \\ p_{11} \\ p_{21} \end{pmatrix}$$

$$= \begin{pmatrix} \dfrac{1}{3} & \dfrac{1}{3} & \dfrac{1}{3} \end{pmatrix} \begin{pmatrix} \dfrac{3}{4} & \dfrac{1}{4} & 0 \\ \dfrac{1}{4} & \dfrac{1}{2} & \dfrac{1}{4} \\ 0 & \dfrac{3}{4} & \dfrac{1}{4} \end{pmatrix} \begin{pmatrix} \dfrac{1}{4} \\ \dfrac{1}{2} \\ \dfrac{3}{4} \end{pmatrix}$$

$$= \dfrac{11}{24}.$$

(3) $P\{X_0 = 1, X_1 = 2, X_3 = 1\} = P\{X_0 = 1\} p_{12} p_{21}^{(2)}$

$$= \frac{1}{3} \times \frac{1}{4} \times \begin{pmatrix} 0 & \frac{3}{4} & \frac{1}{4} \end{pmatrix} \begin{pmatrix} \frac{1}{4} \\ \frac{1}{2} \\ \frac{3}{4} \end{pmatrix} = \frac{3}{64}.$$

（4）$P\{X_1 = 2, X_3 = 1\} = P\{X_1 = 2\} p_{21}^{(2)}$

$$= \begin{pmatrix} \frac{1}{3} & \frac{1}{3} & \frac{1}{3} \end{pmatrix} \begin{pmatrix} 0 \\ \frac{1}{4} \\ \frac{1}{4} \end{pmatrix} \begin{pmatrix} 0 & \frac{3}{4} & \frac{1}{4} \end{pmatrix} \begin{pmatrix} \frac{1}{4} \\ \frac{1}{2} \\ \frac{3}{4} \end{pmatrix}$$

$$= \frac{3}{32}.$$

例 5.8　甲乙两人进行比赛,每局比赛中甲胜的概率为 p ,乙胜的概率为 q ,平局的概率为 $r(p+q+r=1)$.每局赛后,胜者计 1 分,负者计 -1 分,平局不计分,比赛中有人累积得 2 分时,比赛结束. X_n 表示比赛 n 局后甲的累积得分, $n=1,2,\cdots$.

（1）写出状态空间;

（2）求 2 步转移概率;

（3）问在甲获得 1 分的情况下,最多再赛两局可以结束的概率.

解　（1）$S = \{-2, -1, 0, 1, 2\}$.

（2）转移概率矩阵为

$$\boldsymbol{P} = \begin{array}{c} \\ -2 \\ -1 \\ 0 \\ 1 \\ 2 \end{array} \begin{array}{c} \begin{matrix} -2 & -1 & 0 & 1 & 2 \end{matrix} \\ \begin{pmatrix} 1 & 0 & 0 & 0 & 0 \\ q & r & p & 0 & 0 \\ 0 & q & r & p & 0 \\ 0 & 0 & q & r & p \\ 0 & 0 & 0 & 0 & 1 \end{pmatrix} \end{array}.$$

$$\boldsymbol{P}^{(2)} = \boldsymbol{P}^2$$

$$= \begin{array}{c} \\ -2 \\ -1 \\ 0 \\ 1 \\ 2 \end{array} \begin{array}{c} \begin{matrix} -2 & -1 & 0 & 1 & 2 \end{matrix} \\ \begin{pmatrix} 1 & 0 & 0 & 0 & 0 \\ q+rq & r^2+pq & 2pr & p^2 & 0 \\ q^2 & 2rq & r^2+2pq & 2pr & p^2 \\ 0 & q^2 & 2rq & r^2+pq & p+pr \\ 0 & 0 & 0 & 0 & 1 \end{pmatrix} \end{array}.$$

（3）在甲获得 1 分的情况下,再赛两局比赛结束的概率为

$$p = P(X_{n+2} = 2 \mid X_n = 1) + P(X_{n+2} = -2 \mid X_n = 1) = p + pr + 0 = p(1+r).$$

注　若没有要求计算 2 步转移概率矩阵,只求在甲得 1 分时,最多再赛两局可以结束的概率,则可以这样算:

$$p = P\left(X_{n+2} = 2 \mid X_n = 1\right) + P\left(X_{n+2} = -2 \mid X_n = 1\right)$$

$$= \begin{pmatrix} 0 & 0 & q & r & p \end{pmatrix} \begin{pmatrix} 0 \\ 0 \\ 0 \\ p \\ 1 \end{pmatrix} + \begin{pmatrix} 0 & 0 & q & r & p \end{pmatrix} \begin{pmatrix} 1 \\ q \\ 0 \\ 0 \\ 0 \end{pmatrix}$$

$$= p(1+r) + 0 = p(1+r) .$$

例 5.9　设任意相继的两天中,雨天转晴天的概率为 $i \to j, j \to k$,晴天转雨天的概率为 $i \to k$,任一天晴或雨互为逆事件. 以 0 表示晴天状态,以 1 表示雨天状态,X_n 表示第 n 天状态(0 或 1).已知 5 月 1 日为晴天,问

(1)5 月 3 日为晴天的概率等于多少?

(2)5 月 5 日为雨天的概率等于多少?

解　(1)转移概率矩阵　$\boldsymbol{P} = \begin{pmatrix} \dfrac{1}{2} & \dfrac{1}{2} \\[2mm] \dfrac{1}{3} & \dfrac{2}{3} \end{pmatrix}$

(1)已知 5 月 1 日为晴天, 5 月 3 日为晴天的概率为

$$P_{00}^{(2)} = \begin{pmatrix} \dfrac{1}{2} & \dfrac{1}{2} \end{pmatrix} \begin{pmatrix} \dfrac{1}{2} \\[2mm] \dfrac{1}{3} \end{pmatrix} = \frac{5}{12} = 0.416\ 7 .$$

(2)$\boldsymbol{P}^2 = \begin{pmatrix} \dfrac{1}{2} & \dfrac{1}{2} \\[2mm] \dfrac{1}{3} & \dfrac{2}{3} \end{pmatrix}^2 = \begin{pmatrix} \dfrac{5}{12} & \dfrac{7}{12} \\[2mm] \dfrac{7}{18} & \dfrac{11}{18} \end{pmatrix} .$

(2)5 月 1 日为晴天,5 月 5 日为雨天的概率为

$$P_{01}^{(4)} = \begin{pmatrix} P_{00}^{(2)} & P_{01}^{(2)} \end{pmatrix} \begin{pmatrix} P_{01}^{(2)} \\ P_{11}^{(2)} \end{pmatrix} = \begin{pmatrix} \dfrac{5}{12} & \dfrac{7}{12} \end{pmatrix} \begin{pmatrix} \dfrac{7}{12} \\[2mm] \dfrac{11}{18} \end{pmatrix} = 0.599\ 5.$$

注　该例是在假定"今日的天气只与昨日天气有关"的基础上建立的简单马尔可夫模型.这样的马尔可夫模型也称一阶马尔可夫模型.

有时候,当前状态可能不只与前一状态有关,而与前 K 个状态有关,根据这种情形可以建立 K 阶马尔可夫模型.

比如若假定"每日的天气与前两日的天气有关",那么可以建立 2 阶马尔可夫模型.

例 5.10　设昨日和今日都下雨,则明日有雨的概率为 0.7;昨日无雨、今日有雨,则明日有雨的概率为 0.5;昨日有雨、今日无雨,则明日有雨的概率为 0.4;昨日、今日均无雨,则明日

有雨的概率为 0.2. 若已知星期一、星期二均下雨,求星期四下雨的概率.

解 设随机序列状态有两个状态 {雨,晴},由于模型假定序列下个时间的状态不能由前一期状态确定,而是由前两期状态确定. 所以是 2 阶马尔可夫链. 2 阶马尔可夫链由两个连续时间的状态组成 1 个状态,故共有 4 种状态:雨雨,晴雨,雨晴,晴晴,依次记为 1,2,3,4,得该 2 阶马尔可夫链的转移概率矩阵为

$$
\begin{array}{cccc}
 & 1 & 2 & 3 & 4 \\
 & 雨雨 & 晴雨 & 雨晴 & 晴晴
\end{array}
$$

$$
\boldsymbol{P} = \begin{array}{c} 1雨雨 \\ 2晴雨 \\ 3雨晴 \\ 4晴晴 \end{array} \begin{pmatrix} 0.7 & 0 & 0.3 & 0 \\ 0.5 & 0 & 0.5 & 0 \\ 0 & 0.4 & 0 & 0.6 \\ 0 & 0.2 & 0 & 0.8 \end{pmatrix}
$$

$$
\boldsymbol{P}^{(2)} = \begin{pmatrix} 0.7 & 0 & 0.3 & 0 \\ 0.5 & 0 & 0.5 & 0 \\ 0 & 0.4 & 0 & 0.6 \\ 0 & 0.2 & 0 & 0.8 \end{pmatrix}^2 = \begin{pmatrix} 0.49 & 0.12 & 0.21 & 0.18 \\ 0.35 & 0.20 & 0.15 & 0.30 \\ 0.20 & 0.12 & 0.20 & 0.48 \\ 0.10 & 0.16 & 0.10 & 0.64 \end{pmatrix}.
$$

若星期一、星期二均下雨,星期四下雨的概率为

$$
p = p_{11}^{(2)} + p_{12}^{(2)} = 0.49 + 0.12 = 0.61 .
$$

前面我们讨论了马尔可夫链的多步转移概率、绝对分布和有限维分布这些马尔可夫链在有限时刻的分布. 下面讨论一马尔可夫链的极限分布问题:马尔可夫链随着时间 $n \to \infty$ 有没有一个稳定的分布? 也就是转移概率的极限 $\lim\limits_{n\to\infty} p_{ij}^{(n)}$ 是否存在?

由于极限 $\lim\limits_{n\to\infty} p_{ij}^{(n)}$ 与状态之间的关系以及状态的统计特性有关,所以我们需要先讨论马尔可夫链状态之间的关系及状态的周期、常返等属性.

§5.3 马尔可夫链的状态属性与关系

通过马尔可夫链的转移概率图,能更直观地观察到状态的变化情况,所以在马尔可夫链的状态属性研究中,我们经常使用转移概率图.

马尔可夫链的转移概率图和转移概率矩阵是一一对应的.

例 5.11 马尔可夫链的转移概率矩阵为 $\boldsymbol{P} = \begin{pmatrix} 0 & 1 & 0 & 0 \\ 0.3 & 0 & 0.7 & 0 \\ 0 & 0 & 0 & 1 \\ 0 & 0 & 1 & 0 \end{pmatrix}$,画出其转移概率图.

解 该马尔可夫链的转移概率图为

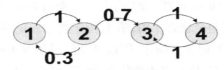

图 5-2   例 5.11 转移概率图

例 5.12   图 5-3 为某马尔可夫链的转移概率图,写出相应的转移概率矩阵.

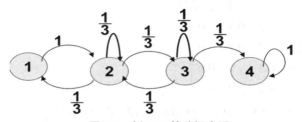

图 5-3   例 5.12 转移概率图

解   转移概率矩阵为

$$P = \begin{pmatrix} 0 & 1 & 0 & 0 \\ \dfrac{1}{3} & \dfrac{1}{3} & \dfrac{1}{3} & 0 \\ 0 & \dfrac{1}{3} & \dfrac{1}{3} & \dfrac{1}{3} \\ 0 & 0 & 0 & 1 \end{pmatrix}.$$

在下面的讨论中,有时直接用转移概率图代替转移概率矩阵.

1. 状态之间的可达与互通

定义 5.7   若存在 $n > 0$, 使 $p_{ij}^{(n)} > 0$, 则称状态 i 可达 j, 记为 $i \to j$.

定理 5.4(可达关系的传递性)   若 $i \to j, j \to k$, 则 $i \to k$.

证明   由于 $i \to j, j \to k$, 故存在 $m > 0$ 和 $n > 0$ 使

$$p_{ij}^{(m)} > 0, \quad p_{jk}^{(n)} > 0 .$$

由 C-K 方程有

$$p_{ik}^{(m+n)} = \sum_s p_{is}^{(m)} p_{sk}^{(n)} \geqslant p_{ij}^{(m)} p_{jk}^{(n)} > 0.$$

所以 $i \to k$.   证毕.

定义 5.8   若 $i \to j, j \to i$, 则称状态 i、j 互通,记为 $i \leftrightarrow j$, 即若状态 i、j 互通,则存在 $m > 0, n > 0$ 使

$$p_{ij}^{(m)} > 0, \quad p_{ji}^{(n)} > 0 .$$

定理 5.5(互通关系的传递性)   若 $i \leftrightarrow j, j \leftrightarrow k$, 则 $i \leftrightarrow k$.

比如在例 5.11 中, 状态 1 可达 2、3、4, 状态 2 可达 1、3、4.

状态 1、2 彼此互通; 状态 3、4 彼此互通,但状态 3、4 都不可达 1 和 2.

在例 5.12 中,状态 1、2、3 彼此互通,都可达 4;4 是吸收态,不可达状态 1、2、3.

2. 周期性

周期性是影响马尔可夫链极限分布的状态属性之一.

定义 5.9 设马尔可夫链的状态空间 I，$i \in I$，如集合 $\{n: p_{ii}^{(n)} > 0, n \geq 1\}$ 非空，则称该集合的最大公约数

$$d_i = \text{G.C.D}\{n: p_{ii}^{(n)} > 0, n \geq 1\} \qquad (5-25)$$

为状态 i 的周期.

如 $d_i > 1$，就称 i 为周期的；如 $d_i = 1$，就称 i 为非周期的.

例 5.13 马尔可夫链转移概率矩阵为

$$P = \begin{bmatrix} 0.1 & 0.5 & 0.3 & 0.1 \\ 0 & 0 & 1 & 0 \\ 0 & 0 & 0 & 1 \\ 0 & 1 & 0 & 0 \end{bmatrix}.$$

求状态 1 和状态 4 的周期.

解 转移概率图为

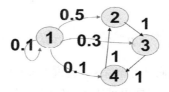

图 5-4　例 5.13 转移概率图

由于 $p_{11} > 0$，从状态 1 出发可能返回的步数 $T=\{1, \cdots\}$，T 的最大公约数是 1，所以状态 1 的 $d_1 = 1$，

又由于 $p_{44}^{(3)} > 0$，$p_{44}^{(6)} > 0$，$\cdots$ 从状态 4 出发可能返回的步数 $T=\{3, 6, 9, \cdots\}$，T 的最大公约数是 3，所以状态 4 的周期 $d_4 = 3$.

例 5.14 设马尔可夫链的状态空间 $I=\{1, 2, \cdots, 9\}$，图 5-5 是该马尔可夫链的转移概率图，求状态 1 的周期.

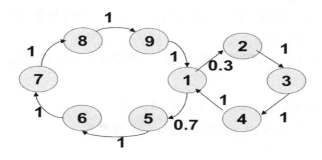

图 5-5　例 5.14 转移概率图

解 从状态 1 出发可能返回的步数 $T=\{4,6,8,10,\cdots\}$.

T 的最大公约数是 2,所以状态 1 的周期为 2.

注意,虽然状态 1 的周期是 2,但不表示自状态 1 出发,所有的 $p_{ii}^{(2n)}>0$,事实上 $p_{ii}^{(2)}=0$.

关于周期的含义,下面的定理做了进一步的分析.

定理 5.6 如 i 的周期为 d,则

(1)$n\neq kd$ 时,$p_{ii}^{(n)}=0$;

(2)存在正整数 M,对一切 $n\geq M$,有 $p_{ii}^{(nd)}>0$.（证明略）

定理 5.7 如果 $i\leftrightarrow j$,则 i 与 j 有相同的周期.

证明 设 i 的周期为 d,j 的周期为 t.

由于 $i\leftrightarrow j$,故存在 $m>0$ 和 $n>0$,使得

$$p_{ij}^{(m)}=\alpha>0, \quad p_{ji}^{(n)}=\beta>0 .$$

由 C-K 方程,总有

$$p_{ii}^{(m+n)}=\sum_{l\in I}p_{il}^{(m)}p_{lj}^{(n)}\geq p_{ij}^{(m)}p_{ji}^{(n)}=\alpha\beta>0 . \tag{5-26}$$

根据周期定义知,d 可整除 $m+n$.

若对任一 k,$p_{jj}^{(k)}>0$,则有

$$p_{ii}^{(m+k+n)}=\sum_{i_1,i_2\in I}p_{ii_1}^{(m)}p_{i_1i_2}^{(k)}p_{i_2j}^{(n)}\geq p_{ij}^{(m)}p_{jj}^{(k)}p_{ji}^{(n)}=\alpha\beta p_{jj}^{(k)}>0 . \tag{5-27}$$

所以 d 可整除 $m+n+k$,从而 d 可整除 k.这说明 $d\leq t$.

由于 i 与 j 的关系是对称的,同样可证得 $t\leq d$,因而 $d=t$.   **证毕.**

例 5.13 中,状态 2、3、4 是互通的,所以周期同为 3;

例 5.14 中,所有状态都是互通的,所以周期同为 2.

3. 常返性

状态的常返性是影响马尔可夫链极限分布的的另一个重要属性.

从例 5.11 的转移概率图中可以看出以下现象.

虽然状态 2 和 3 有同样的周期 2,但是自状态 3 出发,一定还会返回 3(返回概率为 1);而自状态 2 出发,有可能再也回不到 2,比如 2 一旦到 3,就不会回到 2 了.

若自状态 i 出发一定还会返回 i(以概率 1 返回 i),状态的这种性质称为状态的常返性,并称 i 为常返的;若自状态 i 出发,不能以概率 1 返回 i,则称状态 i 为非常返的.图 5-2 中的状态 3 为常返的,2 为非常返态的.

为更加准确定义和进一步研究常返性,引入首中概率(也称首达概论)的定义.

定义 5.10 称

$$f_{ij}^{(n)}=P\left(X_n=j,X_k\neq j,1\leq k\leq n-1\mid X_0=i\right) \tag{5-28}$$

为自状态 i 出发,经 n 步首次到达 j 的概率,也称首中概率;

称

$$f_{ij}=\sum_{n=1}^{+\infty}f_{ij}^{(n)} \tag{5-29}$$

为自状态 i 出发, 迟早到达 j 的概率;

称

$$f_{ii} = \sum_{n=1}^{+\infty} f_{ii}^{(n)} \qquad (5\text{-}30)$$

为自状态 i 出发, 迟早返回 i 的概率.

注: (1) $f_{ij}^{(1)} = p_{ij}^{(1)}$; $\qquad (5\text{-}31)$

(2) 规定: $f_{ij}^{(0)} = 0, \forall i, j \in I$. $\qquad (5\text{-}32)$

定义 5.11 若 $f_{ii} = 1$, 则称状态 i 为常返的;

若 $f_{ii} < 1$, 则称状态 i 为非常返的.

例 5.15 判断例 5.11 中状态 2、3 的常返性.

解 $f_{22}^{(2)} = 0.3, f_{22}^{(n)} = 0 \ (n \neq 2)$,

$$f_{22} = \sum_{n=1}^{\infty} f_{22}^{(n)} = f_{22}^{(2)} = 0.3 < 1 ,$$

所以状态 2 为非常返的.

$$f_{33}^{(2)} = 1 , f_{33}^{(n)} = 0 \ (n \neq 2),$$

$$f_{33} = \sum_{n=1}^{\infty} f_{33}^{(n)} = f_{33}^{(2)} = 1 ,$$

所以状态 3 为常返的.

例 5.16 马尔可夫链的状态空间 $I=\{0,1,2,\cdots\}$, 转移概率为

$$p_{i,i+1} = \frac{2}{3}, p_{i0} = \frac{1}{3}, i \in I .$$

判断状态 0 的常返性.

解 转移概率图为

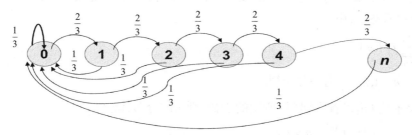

图 5-6 例 5.16 转移概率图

$$f_{00}^{(1)} = \frac{1}{3}; \quad f_{00}^{(2)} = \frac{1}{3} \times \frac{2}{3}; \quad f_{00}^{(n)} = \frac{1}{3} \times \left(\frac{2}{3}\right)^{n-1}, \quad n \geq 1 ;$$

$$f_{00} = \frac{1}{3} \sum_{n=1}^{+\infty} \left(\frac{2}{3}\right)^{n-1} = 1 .$$

所以状态 0 是常返的.

定理 5.8(转移概率和首中概率的关系) 对任意状态 i, j 及 $1 \leq n < +\infty$, 有

$$p_{ij}^{(n)} = \sum_{k=1}^{n} f_{ij}^{(k)} p_{jj}^{(n-k)} . \tag{5-33}$$

证明 设若 Y 表示从 i 出发首次到达 j 所用的步数,即

$$(Y=k) = (X_k = j, 且 X_v \neq j, 1 \leq v \leq k-1) ,$$

$$
\begin{aligned}
p_{ij}^{(n)} &= P(X_n = j \mid X_0 = i) \\
&= \sum_{k=1}^{n} P(Y=k, X_n = j \mid X_0 = i) \quad （划分） \\
&= \sum_{k=1}^{n} P(Y=k \mid X_0 = i) P(X_n = j \mid X_0 = i, Y=k) \quad （条件乘法公式） \\
&= \sum_{k=1}^{n} P(Y=k \mid X_0 = i) P(X_n = j \mid X_k = j) \quad （无后效性） \\
&= \sum_{k=1}^{n} f_{ij}^{(k)} p_{jj}^{(n-k)} . \qquad\qquad 证毕.
\end{aligned}
$$

式(5-33)给出了多步转移概率和首中概率之间的联系,该公式和 C-K 方程是研究马尔可夫链的两个最关键的公式.

根据定理 5.8,可以得到由 $f_{ii}^{(n)}$ 判别周期的方法.

定理 5.9 状态 i 的周期也可以用首中概率表达为

$$d_i = \text{G.C.D} \left\{ n : f_{ii}^{(n)} > 0, n \geq 1 \right\} . \quad （证明略） \tag{5-34}$$

根据定理 5.8,还可以得到由 $p_{ii}^{(n)}$ 判别状态 i 的常返性的方法.

定理 5.10 用 $\mu_3 = \sum_{n=1}^{+\infty} n f_{33}^{(n)} = 2 \times 1 = 2$ 判别状态 i 常返的充要条件为

$$\sum_{n=0}^{\infty} p_{ii}^{(n)} = \infty. \quad （证明略） \tag{5-35}$$

为了考虑状态属性对马尔可夫链极限分布的影响,对于常返状态还需要进一步分类.

当 i 为常返态时,由于

$$\sum_{n=1}^{\infty} f_{ii}^{(n)} = 1 ,$$

所以 $\left\{ f_{ii}^{(n)}, \ n=1,2,\cdots \right\}$ 为一分布律.

若 T 表示从 i 出发首次回到 i 所用的步数,则 T 的分布律恰为

$$P(T=n) = f_{ii}^{(n)}, \ n=1,2,\cdots$$

其数学期望为

$$E(T) = \sum_{n=1}^{+\infty} n f_{ii}^{(n)}$$

表示由 i 出发返回到 i 的平均返回时间.

定义 5.12 设 i 是常返的,称

$$\mu_i = \sum_{n=1}^{\infty} n f_{ii}^{(n)} \tag{5-36}$$

为由 i 出发返回到 i 的平均返回时间.

如 $\mu_i < \infty$,则称 i 为正常返的;如 $\mu_i = \infty$,则称 i 为零常返的.

例 5.17 例 5.11 中的状态 3 和例 5.16 中的状态 0 是否是正常返的?

解 在例 5.11 中, $f_{33}^{(2)} = 1, f_{33}^{(n)} = 0, n \neq 3$,

$$\mu_3 = \sum_{n=1}^{+\infty} n f_{33}^{(n)} = 2 \times 1 = 2 ,$$

所以状态 3 是正常返的.

在例 5.16 中, $f_{00}^{(1)} = \dfrac{1}{3}, f_{00}^{(2)} = \dfrac{1}{3} \times \dfrac{2}{3}, f_{00}^{(n)} = \dfrac{1}{3} \times \left(\dfrac{2}{3} \right)^{n-1}, n \geq 1$,

$$\mu_0 = \sum_{n=1}^{\infty} n f_{00}^{(n)} = \frac{1}{3} \sum_{n=1}^{+\infty} n \left(\frac{2}{3} \right)^{n-1} < \infty .$$

所以状态 0 是正常返的.

由定义 5.12 可知,虽然自常返态 i 出发依概率 1 必然会返回 i ,但是返回 i 所用的平均时间是不同的. 正常返态平均有限步返回一次,而零常返态平均返回时间为无限. 这也导致了一个现象的存在:正常返态 i 会依概率 1 无限次返回 i ,而零常返态 i 无限次返回 i 的概率为 0 ,换句话说,零常返态 i 只能有限次返回 i .

我们给出在不同的状态属性下,状态自返概率极限的如下结论.

定理 5.11 若 i 为常返的,周期为 d ,则有

$$\lim_{n \to \infty} p_{ii}^{(nd)} = \frac{d}{\mu_i} , \tag{5-37}$$

其中, μ_i 为由 i 出发返回到 i 的平均返回时间. （证明略）

推论

（1）若 i 为非常返的,则 $\lim\limits_{n \to \infty} p_{ii}^{(n)} = 0$.

（2）若 i 为常返的,则

i 为零常返的充要条件为 $\lim\limits_{n \to \infty} p_{ii}^{(n)} = 0$;

i 为正常返的,且有周期的充要条件为 $\lim\limits_{n \to \infty} p_{ii}^{(n)}$ 不存在;

i 为正常返的,且非周期的充要条件为 $\lim\limits_{n \to \infty} p_{ii}^{(n)} = \dfrac{1}{\mu_i} > 0$.

该推论可以根据定理 5.11、定理 5.10 及定理 5.6 证明.

注 我们把非周期正常返态称为遍历状态.

推论表明,只有遍历状态的 i ,才有 $\lim\limits_{n \to \infty} p_{ii}^{(n)} > 0$.

例 5.18（无限制随机游动） 质点在数轴的整点上做随机游动,每次移动一格. 向右移动的概率为 p ,向左移动的概率为 q $(p + q = 1)$, $X(n)$ 表示质点在 n 时所处的位置,讨论状态 0 的常返性.

解 $p_{00}^{(n)} = C_{2m}^{m} p^m q^m$ $(n = 2m)$, $p_{00}^{(n)} = 0 (n \neq 2m)$.

由斯特林（Sterling）公式得: $n \to +\infty$ 时, $n! \sim \sqrt{2\pi n}\, n^n \mathrm{e}^{-n}$,

则
$$C_{2m}^m = \frac{(2m)!}{(m!)^2} \sim \frac{4^m}{\sqrt{\pi m}} ,$$

所以　　$\sum\limits_{n=0}^{\infty} p_{00}^{(n)}$　与　$\sum\limits_{m=1}^{\infty} \frac{(4pq)^m}{\sqrt{\pi m}}$　具有相同的敛散性.

（1）$p \neq q$ 时，　$4pq < 1$ ，

$$\sum_{m=1}^{\infty} \frac{(4pq)^m}{\sqrt{\pi m}} < \infty .$$

根据定理 5.10, 此时状态 0 为非常返的.

（2）$p = q = \dfrac{1}{2}$ 时，　$4pq = 1$ ，

$$\sum_{m=1}^{\infty} \frac{(4pq)^m}{\sqrt{\pi m}} = \sum_{m=1}^{\infty} \frac{1}{\sqrt{\pi m}} = \infty .$$

根据定理 5.10, 此时状态 0 为常返的.

又因为
$$\lim_{m \to \infty} p_{ii}^{(2m)} = \lim_{m \to \infty} \frac{1}{\sqrt{\pi m}} = 0 ,$$

$$p_{11}^{(n)} = 0 \quad (n \neq 2m) ,$$

所以
$$\lim_{n \to \infty} p_{ii}^{(n)} = 0 .$$

根据定理 5.11 的推论, 所以状态 0 为零常返的.

定理 5.12　若 $i \leftrightarrow j$, 则

（1）i 与 j 同为常返的或非常返的;

（2）若 i 与 j 为常返的, 则它们同为正常返或零常返的;

证明　（1）由于 $i \leftrightarrow j$, 故存在 $m > 0$ 和 $n > 0$, 使得

$$p_{ij}^{(m)} = \alpha > 0, p_{ji}^{(n)} = \beta > 0 .$$

由 C-K 方程, 对于任意 $k > 0$ 总有

$$p_{ii}^{(m+k+n)} = \sum_{i_1,i_2 \in I} p_{ii_1}^{(m)} p_{i_1 i_2}^{(k)} p_{i_2 j}^{(n)} \geq p_{ij}^{(m)} p_{jj}^{(k)} p_{ji}^{(n)} = \alpha \beta p_{jj}^{(k)} , \tag{5-38}$$

所以

$$\sum_{k=1}^{\infty} p_{ii}^{(k+m+n)} \geq \alpha \beta \sum_{k=1}^{\infty} p_{jj}^{(k)} . \tag{5-39}$$

若 j 为常返的, 根据定理 5.10, 有

$$\sum_{k=1}^{\infty} p_{jj}^{(k)} = \infty .$$

由（5-39）式则必有

$$\sum_{k=1}^{\infty} p_{ii}^{(k+m+n)} = \infty ,$$

即 i 也为常返的.

由于 i 与 j 关系是对称的,同样可证得：若 i 为常返的,则 j 也为常返的.

（2）i, j 同为常返的,若 i 为零常返的,根据定理 5.11 的推论,有

$$\lim_{k \to \infty} p_{ii}^{(k+m+n)} = 0 .$$

由（5-38）式,则必有

$$\lim_{k \to \infty} p_{jj}^{(k)} = 0 ,$$

即 j 也为零常返的.

由于 i 与 j 关系是对称的,同样可证得:若 j 为零常返的,则 i 也为零常返的. **证毕.**

在例 5.11 中,根据互通性,1、2 同为非常返的;3、4 同为正常返的;

在例 5.16 中,由于各状态互通,而状态 0 是正常返的,所以所有的状态都是正常返的.

在例 5.18 中,由于各状态也是互通的, 所以,所有的状态都和状态 0 是具有相同的常返性.

§5.4　状态空间的分解

互通的状态具有相同的周期和常返性,为了更好地讨论转移概率的极限,我们将马尔可夫链的状态空间按互通关系分类.

定义 5.13　C 为马尔可夫链状态空间 I 的子集,若 C 中任意两个状态都是互通的,称 C 为状态空间 I 的不可约子集.特别地,若 I 中任意两个状态都是互通的,则称该马尔可夫链是不可约的.

定义 5.14　C 为马尔可夫链状态空间 I 的子集, 若对任意 $i \in C$ 及 $k \notin C$ 都有

$$p_{ik} = 0 ,$$

称 C 为状态空间 I 的闭集或闭子集.

定理 5.13　C 为状态空间 I 的闭子集,则对任意 $n \geq 1$, $i \in C$ 及 $k \notin C$,都有

$$p_{ik}^{(n)} = 0 .$$

证明　由闭集定义知, $n = 1$ 时,结论显然成立.

用归纳法,设对 $n - 1$,对任意 $i \in C$ 及 $k \notin C$ 都有, $p_{ik}^{(n-1)} = 0$.

那么对于 n 及任意 $i \in C$, $k \notin C$,有

$$\begin{aligned}
p_{ik}^{(n)} &= \sum_{j \in I} p_{ij} p_{jk}^{(n-1)} \quad （由 \text{ C-K } 方程）\\
&= \sum_{j \in C} p_{ij} p_{jk}^{(n-1)} + \sum_{j \notin C} p_{ij} p_{jk}^{(n-1)} \\
&= \sum_{j \in C} p_{ij} \cdot 0 + \sum_{j \notin C} 0 \cdot p_{ij}^{(n-1)} = 0.
\end{aligned}$$

证毕.

根据定理 5.13 可得, 对 $i \in C$,有

$$\sum_{k \in C} p_{ik}^{(n)} = 1 . \tag{5-40}$$

所以,闭集 C 中状态对应的转移概率子矩阵 $\left(p_{ik} \right)_{i,k \in C}$ 是随机矩阵,n 步转移概率子矩阵

$\left(p_{ik}^{(n)} \right)_{i,k \in C}$ 也是随机矩阵.

例 5.19 马尔可夫链的状态空间为 $I=\{1,2,3,4\}$, 转移概率矩阵为

$$P = \begin{bmatrix} 0 & 0.8 & 0 & 0.2 \\ 0 & 0 & 1 & 0 \\ 0 & 1 & 0 & 0 \\ 0 & 0 & 1 & 0 \end{bmatrix}.$$

（1）$\{1,2,3\}$ 是不是闭集?

（2）找出马尔可夫链的所有闭子集.

（3）上述闭子集中, 哪些是不可约的闭子集?

解 从转移概率图 5-7 可以看到:

（1）$\{1,2,3\}$ 不是闭集.

（2）所有闭子集有 $\{2,3\}$, $\{2,3,4\}$, $\{1,2,3,4\}$;

（3）不可约闭子集只有 $\{2,3\}$.

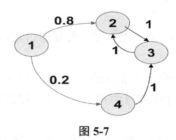

图 5-7

注意到, 各闭集中的状态在转移概率矩阵中对应的子矩阵也是随机矩阵.

比如 $\{2,3\}$ 对应的第 2、3 行和第 2、3 列形成的子矩阵; $\{2,3,4\}$ 对应的第 2、3、4 行和第 2、3、4 列形成的子矩阵以及 $\{1,2,3,4\}$ 对应的 P, 都是随机矩阵.

引理 5.1 若 $i \to j$, 但 $f_{ji} < 1$, 则 i 必为非常返态的.

证明 因为若 $i \to j$, 则存在 $k > 0$, $p_{ij}^{(k)} > 0$, 记从 i 出发到达 j 需要的最少步数为 m, 则

$$m = \min \left\{ l : p_{ij}^{(l)} > 0, l > 0 \right\},$$

设从 i 出发经 m 步数到达 j 需要的路径为 $i_1, i_2, \cdots, i_{m-1}, j$, 则

$$p_{ii_1} p_{i_1 i_2} \cdots p_{i_{m-1} j} > 0.$$

上面的每个 $i_k \neq j$, 并且 $i_k \neq i$（否则从 i 出发到达 j 会存在比 m 更小的步数）

$$P\{\text{不再返回} i \mid X_0 = i\} = P\{X_n \neq i, \forall n \geq 1 \mid X_0 = i\}$$

$$\geq P\{X_1 = i_1, \cdots, X_{m-1} = i_{m-1}, X_m = j, X_n \neq i, n > m \mid X_0 = i\}$$

$$= p_{ii_1} p_{i_1 i_2} \cdots p_{i_{m-1} j} P\{X_n \neq i, n > m \mid X_m = j\}$$

$$= p_{ii_1} p_{i_1 i_2} \cdots p_{i_{m-1} j} (1 - f_{ji}) > 0.$$

所以 $f_{ii} = P\{\text{迟早返回} i \mid X_0 = i\} < 1$.

从而 i 必为非常返态.

证毕.

根据引理 5.1,很容易得到如下定理.

定理 5.14 若 i 为常返态的,且 $i \to j$,则

(1) $j \to i$, 且 $f_{ji} = 1$;

(2) $i \leftrightarrow j$;

(3) j 也是常返态.

注 由定理可得:若 i 为常返态,且 $i \to j$,也有 $f_{ij} = 1$.

例 5.20 若马尔可夫链中的 i 具有常返性, $C = \{ j : i \to j, j \in I \}$.

证明:C 是不可约的闭集,且 C 中元素都是常返态的.

证明 对任意 $k, l \in C$, 则有 $i \to k, i \to l$.

根据定理 5.14 得:$i \leftrightarrow k, i \leftrightarrow l$,所以 $k \leftrightarrow l$,从而 C 是不可约的.

下面证明 C 是闭集,即证明,对所有 $k \in C$ 及 $r \notin C$,都有 $p_{kr} = 0$.用反证法,如果 $p_{kr} > 0$,即 $k \to r$,由于 $k \in C$,所以 $i \to k$,从而 $i \to r$,则应该有 $r \in C$,矛盾.

所以 $p_{kr} = 0$,因此 C 是闭集.

因为 i 是常返态的, $i \to i$ 所以 $i \in C$,又 C 是不可约的,所以 C 中所有状态都是常返态.   证毕.

定理 5.15(状态空间分解定理) 任一马尔可夫链的状态空间 I,可惟一地分解成有限个或可列个互不相交的子集 D , $C_1, C_2, \cdots$ 之和:

$$I = D + C_1 + C_2 + \cdots$$

其中

(1) D 由全体具有非常返性的状态组成;

(2) 每一 C_n 是具有常返性的状态组成的不可约闭集.

证明 首先将状态空间按各状态的常返性分解为

$$I = D + C,$$

其中,C 为全体常返的状态组成的集合,$D = I - C$ 为非常返的状态的全体.

任取 $i_1 \in C$, 令 $C_1 = \{ j, i_1 \to j \}$,由例 5.20 知,C_1 是不可约常返闭集;

再取 $i_2 \in C - C_1$, 令 $C_2 = \{ j, i_2 \to j \}$,同理 C_2 是不可约的常返闭集.

重复此过程,可将状态空间分解为

$$I = D \cup C_1 \cup C_2 \cup \cdots.$$
                                                   证毕.

注 1 自 D 中的状态有可能转移到某一 C_n 中状态;但自 C_n 的状态不可能转移到 D 及其他的 $C_k (k \neq n)$.

注 2 同一 C_n 中的任意 i, j 有:$f_{ij} = 1$,且所有的状态具有相同的周期,同为正常返的或零常返的.

§5.5　不可约马尔可夫链的极限分布与平稳分布

定义 5.15　若马尔可夫链的 n 步转移概率的极限

$$\lim_{n \to \infty} p_{ij}^{(n)} = a_j \tag{5-41}$$

存在,且与 i 无关,同时满足

$$\sum_{j \in I} a_j = 1 , \tag{5-42}$$

则称马尔可夫链存在极限分布, $\{a_j, j \in I\}$ 为马尔可夫链的极限分布.

定理 5.16

（1）如 j 是非常返的或零常返的,则

$$\lim_{n \to \infty} p_{ij}^{(n)} = 0 ; \tag{5-43}$$

（2）如 j 是正常返的, 但周期 $d > 1$, 对于 $i \to j$,则 $\lim\limits_{n \to \infty} p_{ij}^{(n)}$ 不存在（ i 不可达 j 时, $p_{ij}^{(n)} = 0$ ）;

（3）如 j 是正常返的,且 $d = 1$,则

$$\lim_{n \to \infty} p_{ij}^{(n)} = \frac{f_{ij}}{\mu_j} ; \tag{5-44}$$

特别地,当 i, j 互通时,

$$\lim_{n \to \infty} p_{ij}^{(n)} = \frac{1}{\mu_j} . \tag{5-45}$$

证明　（1）由定理 5.8 知

$$p_{ij}^{(n)} = \sum_{k=1}^{n} f_{ij}^{(k)} p_{jj}^{(n-k)} ,$$

对任意固定的 $N < n$ 有

$$0 \leqslant p_{ij}^{(n)} \leqslant \sum_{k=1}^{N} f_{ij}^{(k)} p_{jj}^{(n-k)} + \sum_{k=N+1}^{n} f_{ij}^{(k)} .$$

上式令 $n \to \infty$,并注意到定理 5.11 的推论: j 是非常返的或零常返的时, $\lim\limits_{n \to \infty} p_{jj}^{(n)} = 0$.

所以上式右边第一项趋于 0,右边第二项趋于 $\sum\limits_{k=N+1}^{+\infty} f_{ij}^{(k)}$.

再令 $N \to \infty$,注意到 $\sum\limits_{k=N+1}^{+\infty} f_{ij}^{(k)}$ 是收敛级数 $\sum\limits_{k=1}^{+\infty} f_{ij}^{(k)} = f_{ij} \leqslant 1$ 的尾项,故趋于 0.

所以

$$\lim_{n \to \infty} p_{ij}^{(n)} = 0.$$

（2）只对 $\lim\limits_{n \to \infty} p_{jj}^{(n)}$ 给与证明.

如 j 是正常返的,周期 $d > 1$,由定理 5.11 知:

$$\lim_{n \to \infty} p_{jj}^{(nd)} = \frac{d}{\mu_j} > 0 .$$

而由定理 5.11 可知 $k \neq nd$ 时，$p_{jj}^{(k)} = 0$.

所以 $\lim\limits_{n \to \infty} p_{jj}^{(n)}$ 不存在.

（3）对任意固定的 $N < n$ 有

$$\sum_{k=1}^{N} f_{ij}^{(k)} p_{jj}^{(n-k)} \leqslant p_{ij}^{(n)} = \sum_{k=1}^{n} f_{ij}^{(k)} p_{jj}^{(n-k)} \leqslant \sum_{k=1}^{N} f_{ij}^{(k)} p_{jj}^{(n-k)} + \sum_{k=N+1}^{n} f_{ij}^{(k)} .$$

对于上面不等式的最左端和最右端，先令 $n \to \infty$，再令 $N \to \infty$，并注意到 $\lim\limits_{n \to \infty} p_{jj}^{(n)} = \dfrac{1}{\mu_j}$

及 $\sum\limits_{k=N+1}^{+\infty} f_{ij}^{(k)}$ 是收敛级数 $\sum\limits_{k=1}^{+\infty} f_{ij}^{(k)} = f_{ij} \leqslant 1$ 的尾项.

上式最左边项极限为

$$\lim_{N \to +\infty} \lim_{n \to +\infty} \sum_{k=1}^{N} f_{ij}^{(k)} p_{jj}^{(n-k)} = \lim_{N \to +\infty} \frac{1}{\mu_j} \sum_{k=1}^{N} f_{ij}^{(k)} = \frac{1}{\mu_j} \sum_{k=1}^{+\infty} f_{ij}^{(k)} = \frac{f_{ij}}{\mu_j} .$$

上式最右边项极限为

$$\lim_{N \to +\infty} \lim_{n \to +\infty} \left(\sum_{k=1}^{N} f_{ij}^{(k)} p_{jj}^{(n-k)} + \sum_{k=N+1}^{n} f_{ij}^{(k)} \right) = \lim_{N \to +\infty} \left(\frac{1}{\mu_j} \sum_{k=1}^{N} f_{ij}^{(k)} + \frac{1}{\mu_j} \sum_{k=N+1}^{+\infty} f_{ij}^{(k)} \right) = \frac{f_{ij}}{\mu_j} .$$

根据夹逼准则，有

$$\lim_{n \to \infty} p_{ij}^{(n)} = \frac{f_{ij}}{\mu_j} .$$

特别地，i, j 互通时，由于均为正常返的，由定理 5.14 知 $f_{ij} = 1$，故有

$$\lim_{n \to \infty} p_{ij}^{(n)} = \frac{1}{\mu_j} .$$

证毕.

根据定理 5.16，求 $\lim\limits_{n \to \infty} p_{ij}^{(n)}$ 时需要先判别状态的周期和常返性，下面的结论对于常返性的判别是很有帮助的.

推论 1　有限状态的马尔可夫链必存在具有正常返性的状态.

证明　设有限马尔可夫链有 m 个状态.

$$\sum_{k=1}^{m} p_{ij}^{(n)} = 1 .\qquad(5\text{-}46)$$

如果所有状态全是非常返的或零常返的，则对任意 i, j 有

$$\lim_{n \to \infty} p_{ij}^{(n)} = 0.$$

对（5-46）式两边同时求极限可得

$$左边 = \lim_{n \to \infty} \left(\sum_{k=1}^{m} p_{ij}^{(n)} \right) = \sum_{k=1}^{m} \lim_{n \to \infty} p_{ij}^{(n)} = 0 ;$$

$$右边 = 1.$$

这就产生了矛盾. 所以有限状态的马尔可夫链必存在具有正常返性的状态.

推论 2　马尔可夫链的任一不可约有限闭集 C，其所有状态必为正常返的.

不可约的有限闭集 C，相当于一个有限子马尔可夫链，故 C 中必存在正常返的状态. 而不可约的子集中所有状态的常返性相同，所以 C 中所有状态全是正常返的.

为了方便地计算出 $\lim\limits_{n\to\infty} p_{ij}^{(n)}$，我们引入平稳分布.

定义 5.16　马尔可夫链的转移概率矩阵 $\boldsymbol{P} = \left(p_{ij} \right)$，若 $\{\pi_j, j \in I\}$ 满足

$$\begin{cases} \pi_j = \sum\limits_{i \in I} \pi_i p_{ij}, \\ \sum\limits_{j \in I} \pi_j = 1, \quad \pi_j \geqslant 0, \end{cases} \tag{5-47}$$

称 $\{\pi_j, j \in I\}$ 为马尔可夫链的平稳分布.

注 1　若记向量 $\boldsymbol{\pi} = \left(\pi_j, j \in I \right)$，则定义中的（5-47）式可以用矩阵等价地表示为

$$\boldsymbol{\pi} = \boldsymbol{\pi P} . \tag{5-48}$$

由此还可得 $\boldsymbol{\pi} = \boldsymbol{\pi P^n}$. $\tag{5-49}$

注 2　如果马尔可夫链在某时刻（设 m 时）进入平稳分布 π，$\pi(m) = \pi$，则

$$\pi(m+n) = \pi(m)P^n = \pi P \cdot P \cdots P = \pi .$$

也就是，马尔可夫链在此后的任意时刻分布都是平稳分布，这也是平稳分布名称的由来.

定理 5.17　若马尔可夫链是不可约、非周期的，则如下 3 各命题是等价的：

（1）该链为正常返的；

（2）该链存在极限分布；

（3）该链存在平稳分布 $\{\pi_j, j \in I\}$.

且当上述分布存在时，极限分布 $\{\dfrac{1}{\mu_j}, j \in I\}$ 就是平稳分布，即

$$\pi_j = \frac{1}{\mu_j} . \tag{5-50}$$

证明　（2）$\Rightarrow$（1）

若该链存在极限分布，则

$$\lim_{n\to\infty} p_{ij}^{(n)} = a_j ;$$

存在，且 i 无关，那么

$$\lim_{n\to\infty} p_{jj}^{(n)} = a_j ;$$

又因为

$$\sum_{j \in I} a_j = 1 ,$$

则必存在一个 k，使 $\lim\limits_{n\to\infty} P_{kk}^{(n)} = a_k > 0$.

根据定理 5.11 的推论，k 为正常返的，从而该不可约链为正常返链. **证毕.**

（3）$\Rightarrow$（1）

设 $\{\pi_j, j \in I\}$ 是平稳分布的，

$$\sum_{j \in I} \pi_j = 1 ,$$

则必存在一个 $\pi_k > 0$，有

$$\pi_k = \sum_{i \in I} \pi_i p_{ik}^{(n)} . \tag{5-51}$$

对（5-51）式，令 $n \to \infty$，因为

$$\sum_{i \in I} \pi_i = 1 ,$$

故求极限与求和可交换顺序.

若 k 为非常返的或零常返的，则

$$\pi_k = \lim_{n \to \infty} \sum_{i \in I} \pi_i p_{ik}^{(n)} = \sum_{i \in I} \pi_i \lim_{n \to \infty} p_{ik}^{(n)} = 0 ,$$

与 $\pi_k > 0$ 矛盾. 所以 k 为正常返的，从而该不可约链为正常返链.　　　　　证毕.

（1）$\Rightarrow$（2）

设马尔科夫链是正常返链，由定理 5.16，对于每一个 j 有

$$\lim_{n \to \infty} p_{ij}^{(n)} = \frac{f_{ij}}{\mu_j} = \frac{1}{\mu_j} > 0 . \tag{5-52}$$

下面只需证明

$$\sum_{k \in I} \frac{1}{\mu_k} = 1 . \tag{5-53}$$

对任意整数 N 有

$$\sum_{j=1}^{N} p_{ij}^{(n)} \leqslant \sum_{j \in I} p_{ij}^{(n)} = 1 ,$$

对上式，令 $n \to \infty$ 得

$$\sum_{j=1}^{N} \frac{1}{\mu_j} \leqslant 1 ,$$

对上式，令 $N \to \infty$ 得

$$\sum_{j \in I} \frac{1}{\mu_j} \leqslant 1 , \tag{5-54}$$

由 C-K 方程，有

$$p_{ij}^{(n+m)} = \sum_{k \in I} p_{ik}^{(n)} p_{kj}^{(m)} .$$

对任意整数 N 有 $p_{ij}^{(n+m)} \geqslant \sum_{k=0}^{N} p_{ik}^{(n)} p_{kj}^{(m)} .$

对上式，先令 $n \to \infty$，得

$$\frac{1}{\mu_j} \geqslant \sum_{k=0}^{N} \frac{1}{\mu_k} p_{kj}^{(m)} ;$$

再令 $N \to \infty$，得

$$\frac{1}{\mu_j} \geqslant \sum_{k \in I} \frac{1}{\mu_k} p_{kj}^{(m)} . \tag{5-55}$$

下面要进一步证明对于每一个 j，（5-55）式的等号成立.

反证,若存在某个整数 j_0 使(5-55)式取得严格大于号成立,即

$$\frac{1}{\mu_{j_0}} > \sum_{k \in I} \frac{1}{\mu_k} p_{kj_0}^{(m)} , \qquad (5\text{-}56)$$

对(5-55)式两边求和,由(5-54)式知 $\sum\limits_{j \in I} \dfrac{1}{\mu_j}$ 是收敛的,所以有

$$\sum_{j \in I} \frac{1}{\mu_j} > \sum_{j \in I} \sum_{k \in I} \frac{1}{\mu_k} p_{kj}^{(m)} = \sum_{k \in I} \sum_{j \in I} \frac{1}{\mu_k} p_{kj}^{(m)} = \sum_{k \in I} \frac{1}{\mu_k} .$$

这是一个矛盾不等式.

因此对于每一个 j ,(5-55)式的等号成立,即

$$\frac{1}{\mu_j} = \sum_{k \in I} \frac{1}{\mu_k} p_{kj}^{(m)} . \qquad (5\text{-}57)$$

式(5-57)中令 $m \to \infty$ 取极限,且求极限和求级数可以交换次序,得

$$\frac{1}{\mu_j} = \sum_{k \in I} \frac{1}{\mu_k} (\lim_{n \to \infty} p_{kj}^{(n)}) = \frac{1}{\mu_j} \sum_{k \in I} \frac{1}{\mu_k} ,$$

故有 $\quad \sum\limits_{k \in I} \dfrac{1}{\mu_k} = 1$. $\qquad (5\text{-}58)$

故 $\{\dfrac{1}{\mu_j}, j \in I\}$ 是马尔可夫链的极限分布.

证毕.

(1) $\Rightarrow$ (3)

在(5-57)式中,令 $m = 1$ 得

$$\frac{1}{\mu_j} = \sum_{k \in I} \frac{1}{\mu_k} p_{kj} , \qquad (5\text{-}59)$$

由(5-58)式和(5-59)式知 , $\{\dfrac{1}{\mu_j}, j \in I\}$ 也是马尔可夫链的平稳分布,且有 $\pi_j = \dfrac{1}{\mu_j}, j \in I$.

证毕.

对于有限不可约的马尔可夫链,有如下结论.

推论　有限状态的不可约非周期马尔可夫链,必存在平稳分布,且平稳分布即为极限分布.

证明　由于有限状态的不可约马尔可夫链的所有状态都是正常返的,再由定理 5.17 知必存在平稳分布,且平稳分布即为极限分布.

证毕.

定理 5.18　若马尔可夫链是不可约非周期的,且有平稳分布 $\{\pi_j, j \in I\}$,则马尔可夫链也有极限分布:

$$\lim_{n \to \infty} \pi_j(n) = \lim_{n \to \infty} P\{X_n = j\} = \frac{1}{\mu_j} = \pi_j . \qquad (5\text{-}60)$$

证明　因为

$$\pi_j(n) = \sum_{i \in I} \pi_i(0) p_{ij}^{(n)} ,$$

对上式两边取极限,由定理 5.17 得

$$\lim_{n\to\infty}\pi_j(n)=\lim_{n\to\infty}\sum_{i\in I}\pi_i(0)p_{ij}^{(n)}=\sum_{i\in I}\pi_i(0)\lim_{n\to\infty}p_{ij}^{(n)}=\frac{1}{\mu_j}\sum_{i\in I}\pi_i(0)=\frac{1}{\mu_j}=\pi_j.$$

证毕.

例 5.21　点 Q 在两个反射壁之间的随机游动,其转移概率矩阵为

$$\boldsymbol{P}=\begin{array}{c} \\ 1 \\ 2 \\ 3 \\ 4 \\ 5 \end{array}\begin{array}{c} \begin{array}{ccccc} 1 & 2 & 3 & 4 & 5 \end{array} \\ \begin{bmatrix} 0 & 1 & 0 & 0 & 0 \\ \dfrac{1}{3} & \dfrac{1}{3} & \dfrac{1}{3} & 0 & 0 \\ 0 & \dfrac{1}{3} & \dfrac{1}{3} & \dfrac{1}{3} & 0 \\ 0 & 0 & \dfrac{1}{3} & \dfrac{1}{3} & \dfrac{1}{3} \\ 0 & 0 & 0 & 1 & 0 \end{bmatrix} \end{array}.$$

求其极限分布.

解　这是一个不可约非周期,有限状态的马尔可夫链,所以必有平稳分布.

$$\boldsymbol{\pi}=\boldsymbol{\pi}\boldsymbol{P}.$$

即:

$$(\pi_1,\pi_2,\cdots,\pi_5)=(\pi_1,\pi_2,\cdots,\pi_5)\begin{bmatrix} 0 & 1 & 0 & 0 & 0 \\ \dfrac{1}{3} & \dfrac{1}{3} & \dfrac{1}{3} & 0 & 0 \\ 0 & \dfrac{1}{3} & \dfrac{1}{3} & \dfrac{1}{3} & 0 \\ 0 & 0 & \dfrac{1}{3} & \dfrac{1}{3} & \dfrac{1}{3} \\ 0 & 0 & 0 & 1 & 0 \end{bmatrix}.$$

得:

$$\begin{cases} \pi_1=\dfrac{1}{3}\pi_2, \\ \pi_2=\pi_1+\dfrac{1}{3}\pi_2+\dfrac{3}{\pi_3}, \\ \pi_3=\dfrac{1}{3}\pi_2+\dfrac{1}{3}\pi_3+\dfrac{1}{3}\pi_4, \\ \pi_4=\dfrac{1}{3}\pi_3+\dfrac{1}{3}\pi_4+\pi_5, \\ \pi_5=\dfrac{1}{3}\pi_4, \\ \pi_1+\pi_2+\pi_3+\pi_4+\pi_5=1. \end{cases}$$

由前四个方程解得:$3\pi_1=\pi_2=\pi_3=\pi_4=3\pi_5.$ 代入最后一个方程(归一条件),得唯一解 $\pi_1=\pi_5=\dfrac{1}{11},\pi_2=\pi_3=\pi_4=\dfrac{3}{11}.$

所以极限分布为 $\boldsymbol{\pi} = \left(\dfrac{1}{11}, \dfrac{3}{11}, \dfrac{3}{11}, \dfrac{3}{11}, \dfrac{1}{11}\right)$.

这个分布表明,经过长时间游动之后,点 Q 位于点 2(或 3 或 4)的概率约为 $\dfrac{3}{11}$,位于点 1(或 5)的概率约为 $\dfrac{1}{11}$.

例 5.22 某地区有 1 600 户居民,只有甲、乙、丙三个工厂的产品在该地区销售. 据调查,8 月份买甲乙丙产品的户数为别为 480,320,800;9 月份调查发现,原买甲产品的居民中有 48 户转买乙产品,96 户转买丙产品;原买乙产品的居民中有 32 户转买甲产品,64 户转买丙产品;原买丙产品的居民中有 64 户转买甲产品,32 户转买乙产品. 请做出预测:

(1)9 月份和 12 月份各产品的市场占有率;

(2)市场平稳后,各产品的市场占有率.

解 若将此市场的变化看作齐次马尔可夫链. 状态 1,2,3 分别表示甲、乙、丙工厂的产品.

那么初始分布 $\boldsymbol{\pi}(0) = \dfrac{1}{480 + 320 + 800}(480, 320, 800) = (0.3, 0.2, 0.5)$,

转移频数阵为 $\begin{pmatrix} 480-48-96 & 48 & 96 \\ 32 & 320-32-64 & 64 \\ 64 & 32 & 800-64-32 \end{pmatrix} = \begin{pmatrix} 336 & 48 & 96 \\ 32 & 224 & 64 \\ 64 & 32 & 704 \end{pmatrix}$.

频数阵的第 1,2,3 行非别除以 480,320,800,得转移概率矩阵:

$$\boldsymbol{P} = \begin{pmatrix} 0.7 & 0.1 & 0.2 \\ 0.1 & 0.7 & 0.2 \\ 0.08 & 0.04 & 0.88 \end{pmatrix}$$

9 月份市场占有率为

$$\boldsymbol{\pi}(1) = \boldsymbol{\pi}(0)\boldsymbol{P} = (0.3 \quad 0.2 \quad 0.5)\begin{pmatrix} 0.7 & 0.1 & 0.2 \\ 0.1 & 0.7 & 0.2 \\ 0.08 & 0.04 & 0.88 \end{pmatrix} = (0.27 \quad 0.19 \quad 0.54).$$

12 月份市场占有率为

$$\boldsymbol{\pi}(4) = \boldsymbol{\pi}(0)\boldsymbol{P}^4 = (0.2319 \quad 0.1698 \quad 0.5983).$$

市场平稳后,格产品的市场占有率即平稳分布.

$$\boldsymbol{\pi} = \boldsymbol{\pi}\boldsymbol{P}, \pi_1 + \pi_2 + \pi_3 = 1.$$

解得 $(\pi_1, \pi_2, \pi_3) = (0.219, 0.156, 0.625).$

市场平稳后,甲乙丙工厂的产品占市场的份额分别为 21.9%,15.6%,62.5%.

§5.6 可约马尔可夫链的 $\lim\limits_{n\to\infty} p_{ij}^{(n)}$ 分析

对于不可约马尔可夫链,通过平稳分布比较好地解决了极限分布问题. 对于可约的马尔可夫链,不存在一个和起始状态无关的极限分布,此时极限 $\lim\limits_{n\to\infty} p_{ij}^{(n)}$ 可能不存在,也可能和起始状态 i 相关.

对可约马尔可夫链的 $\lim\limits_{n\to\infty} p_{ij}^{(n)}$ 分析,需要先对马氏链的状态空间进行分解,然后再讨论.

设一般马尔可夫链的状态空间可先分解为

$$I = D + C_1 + C_2 + C_3 + \cdots$$

其中 D 是非常返集, C_1、C_2、$C_3 \cdots$ 是不可约常返闭集.

常返闭集中有三类:零常返集、正常返周期集、正常返非周期集.

不妨假定: C_1、C_2、C_3 分别为零常返类集、正常返周期类集、正常返非周期类集.

则有

$j \in D \cup C_1$ 时, $\quad \lim\limits_{n\to\infty} p_{ij}^{(n)} = 0$, $\forall i \in I$.

$j \in C_2$ 时, $\lim\limits_{n\to\infty} p_{ij}^{(n)}$ 不存在 $\quad (若 i \to j)$;

$\quad p_{ij}^{(n)} = 0 \left(若 i 不可达 j\right)$.

$j \in C_3$ 时,分以下 3 种情况.

（1）$i \in C_3$ 时,解 C_3 对应的平稳分布即 π_j,

$$\lim\limits_{n\to\infty} p_{ij}^{(n)} = \pi_j = \frac{1}{\mu_j} .$$

（2）$i \in C_k, k \neq 3$（ i,j 属于不同的常返集 ）时, $p_{ij} = 0$.

（3）$i \in D$ 时,则利用下面的方法求极限:

$$p_{ij}^{(n)} = \sum_{k \in D} p_{ik} p_{kj}^{(n-1)} + \sum_{k \in C_3} p_{ik} p_{kj}^{(n-1)},$$

$$\lim\limits_{n\to\infty} p_{ij}^{(n)} = \sum_{k \in D} p_{ik} \lim\limits_{n\to\infty} p_{kj}^{(n)} + \frac{1}{\mu_j} \sum_{k \in C_3} p_{ik} .$$

例 5.23 马尔可夫链的一步转移概率矩阵为

$$\boldsymbol{P} = \begin{pmatrix} 0 & 0 & 1 & 0 & 0 & 0 \\ 0 & 0 & 0 & 0 & 0 & 1 \\ 0 & 0 & 0.5 & 0 & 0.5 & 0 \\ 0.2 & 0.4 & 0 & 0.1 & 0.3 & 0 \\ 1 & 0 & 0 & 0 & 0 & 0 \\ 0 & 1 & 0 & 0 & 0 & 0 \end{pmatrix} .$$

（1）按状态空间的分解定理分解状态空间,并讨论每个状态的周期常返性.

（2）计算极限 $\lim\limits_{n\to\infty} p_{13}(n), \lim\limits_{n\to\infty} p_{23}(n), \lim\limits_{n\to\infty} p_{43}(n)$.

解 （1）状态空间为 $\{1,2,3,4,5,6\}$,根据转移概率图 5-8.

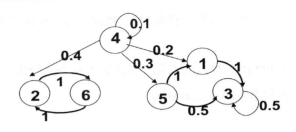

图 5-8

状态空间分解为

$$I = \{4\} + \{2,6\} + \{1,3,5\} \triangleq D + C_1 + C_2 .$$

其中 $D = \{4\}$ 是非常返集；$C_1 = \{2,6\}$ 是不可约正常返闭集，周期为 2；$C_2 = \{1,3,5\}$ 是不可约正常返闭集，非周期.

（2）$C_2 = \{1,3,5\}$ 对应的转移概率矩阵为

$$\begin{bmatrix} 0 & 1 & 0 \\ 0.5 & 0 & 0.5 \\ 1 & 0 & 0 \end{bmatrix} .$$

由

$$(\pi_1, \pi_3, \pi_5) = (\pi_1, \pi_3, \pi_5) \begin{bmatrix} 0 & 1 & 0 \\ 0.5 & 0 & 0.5 \\ 1 & 0 & 0 \end{bmatrix} ,$$

$$\pi_1 + \pi_3 + \pi_5 = 1 ,$$

得　　　　$\pi_1 = \pi_5 = \dfrac{1}{4}, \pi_3 = \dfrac{1}{2} .$

对应于 C_2 的平稳分布为 $\left(\dfrac{1}{4}, \ 0, \ \dfrac{1}{2}, \ 0, \ \dfrac{1}{4}, \ 0 \right) .$

所以 $\lim\limits_{n \to \infty} p_{13}(n) = \dfrac{1}{2} .$

由于 $2,3$ 属于不同的闭集，所以

$$\lim_{n \to \infty} p_{23}(n) = 0 ,$$

$$p_{43}^{(n)} = \sum_{k=1} p_{4k} p_{k3}^{(n-1)} = p_{44} p_{43}^{(n-1)} + \sum_{k \in C_2} p_{4k} p_{k3}^{(n-1)}$$

$$= 0.1 p_{43}^{(n-1)} + 0.2 p_{13}^{(n-1)} + 0.3 p_{53}^{(n-1)} .$$

上式两边令 $n \to \infty$，注意到 $\lim\limits_{n \to \infty} p_{13}^{(n-1)} = \lim\limits_{n \to \infty} p_{53}^{(n-1)} = \pi_3 = 0.5$，

所以

$$0.9 \lim_{n \to \infty} p_{13}^{(n)} = (0.2 + 0.3) \times 0.5 ,$$

得

$$\lim_{n \to \infty} p_{13}^{(n)} = \dfrac{5}{18} .$$

习题 5

1. 设 $\{X_n, n = 0, 1, 2, \cdots\}$ 是一齐次马尔可夫链, 证明:

$(1) P\{X_{n+1} = i_{n+1}, X_{n+2} = i_{n+2}, \cdots, X_{n+m} = i_{n+m} \mid X_0 = i_0, X_1 = i_1, \cdots, X_n = i_n\}$

$= P\{X_{n+1} = i_{n+1}, X_{n+2} = i_{n+2}, \cdots, X_{n+m} = i_{n+m} \mid X_n = i_n\};$

$(2) P\{X_0 = i_0, X_1 = i_1, \cdots, X_n = i_n, X_{n+2} = i_{n+2}, \cdots, X_{n+m} = i_{n+m} \mid X_{n+1} = i_{n+1}\}$

$= P\{X_0 = i_0, X_1 = i_1, \cdots, X_n = i_n \mid X_{n+1} = i_{n+1}\} P\{X_{n+2} = i_{n+2}, \cdots, X_{n+m} = i_{n+m} \mid X_{n+1} = i_{n+1}\}.$

思考这两个结论的意义.

2. 设 $\{X_n, n = 0, 1, 2, \cdots\}$ 是一齐次马尔可夫链, 初始分布为 $p_i = P(X_0 = i) = \dfrac{1}{4}$, $i = 1, 2, 3, 4$,
转移概率矩阵为

$$\boldsymbol{P} = \begin{pmatrix} \dfrac{1}{4} & \dfrac{1}{4} & \dfrac{1}{4} & \dfrac{1}{4} \\ \dfrac{1}{4} & \dfrac{1}{4} & \dfrac{1}{4} & \dfrac{1}{4} \\ \dfrac{1}{4} & \dfrac{1}{8} & \dfrac{1}{4} & \dfrac{3}{8} \\ \dfrac{1}{4} & \dfrac{1}{4} & \dfrac{1}{4} & \dfrac{1}{4} \end{pmatrix}.$$

证明: $P\{X_2 = 4 \mid X_0 = 1, 1 < X_1 < 4\} \neq P\{X_2 = 4 \mid 1 < X_1 < 4\}$.

思考这个结论的意义.

3. (Ehrenfest 模型) 设一个坛子中装有 c 个球, 它们只可能是红色的或黑色的. 从坛子中随机地摸出一个球, 并换入一个另一种颜色的球, 经过 n 次摸换, 记坛中的黑球数为 $X(n)$. 试问 $\{X(n), n \geq 1\}$ 是否构成齐次马尔可夫链?

4. 从整数 1 到 6 中随机地选取一个数. 挑选方法: 若 $X(n)$ 是第 n 选取的结果, 那么 $X(n+1)$ 表示从整数 $1, 2, \cdots, X(n)$ 中随机选出的数 $(n \geq 0)$. 试问: $\{X(n), n = 0, 1, 2, \cdots\}$ 是否构成齐次马尔可夫链? 若是, 试写出状态转移空间和状态转移概率矩阵.

5. 设齐次马尔可夫链 $\{X(n), n = 0, 1, 2, \cdots\}$ 的状态空间为 $E = \{1, 2, 3\}$, 状态转移概率矩阵为

$$\boldsymbol{P} = \begin{pmatrix} \dfrac{1}{2} & \dfrac{1}{2} & 0 \\ \dfrac{1}{2} & \dfrac{1}{4} & \dfrac{1}{4} \\ 0 & \dfrac{1}{3} & \dfrac{2}{3} \end{pmatrix}.$$

（1）计算 $P\{X(4) = 3 \mid X(1) = 1, X(2) = 1\}$;

（2）计算 $P\{X(2) = 1, X(3) = 2 \mid X(1) = 1\}$.

6. 设齐次马尔可夫链 $\{X(n), n=0,1,2,\cdots\}$ 的状态空间为 $E=\{1,2,3\}$，$X(1)$ 的分布律如下表所示.

$X(1)$	1	2	3
P	$\dfrac{1}{2}$	$\dfrac{1}{3}$	$\dfrac{1}{6}$

状态转移概率矩阵为

$$P = \begin{pmatrix} \dfrac{1}{2} & \dfrac{1}{2} & 0 \\[2mm] \dfrac{1}{3} & 0 & \dfrac{2}{3} \\[2mm] 0 & \dfrac{2}{5} & \dfrac{3}{5} \end{pmatrix}.$$

（1）计算 $P\{X(1)=1, X(2)=2, X(3)=3\}$；

（2）$X(2)$ 的分布律.

7. 某商场 6 年共 24 个季度的销售记录如下表（状态 1 表示畅销，2 表示滞销）.

季节	1	2	3	4	5	6	7	8	9	10	11	12
销售状态	1	1	2	1	2	2	1	1	1	2	1	2
季节	13	14	15	16	17	18	19	20	21	22	23	24
销售状态	1	1	2	2	1	1	2	1	2	1	1	1

（1）写出销售状态的初始分布；

（2）写出三步转移概率矩阵及三步转移后的状态分布.

8. 如果马尔可夫链的转移概率矩阵为

$$P = \begin{pmatrix} 0 & 1 \\ 1 & 0 \end{pmatrix}.$$

证明此马尔可夫链没有极限分布，但具有平稳分布.

9. 设齐次马尔可夫链 $\{X_n, n \geqslant 0\}$ 的状态空间 $S=\{0,1,2,3,4,5,6\}$，一步转移概率矩阵为

$$P = \begin{bmatrix} 0 & 0 & 0 & 0 & 1 & 0 & 0 \\[1mm] 0 & 0 & \dfrac{1}{3} & \dfrac{1}{3} & 0 & 0 & \dfrac{1}{3} \\[1mm] 0 & 0 & \dfrac{1}{2} & 0 & 0 & \dfrac{1}{2} & 0 \\[1mm] 0 & 0 & 0 & 1 & 0 & 0 & 0 \\[1mm] \dfrac{1}{2} & 0 & 0 & 0 & \dfrac{1}{2} & 0 & 0 \\[1mm] 0 & 0 & \dfrac{3}{4} & 0 & 0 & \dfrac{1}{4} & 0 \\[1mm] 0 & \dfrac{1}{2} & 0 & 0 & \dfrac{1}{2} & 0 & 0 \end{bmatrix}.$$

试求 f_{ii} 和 u_{ii}，$i = 0, 1, 2, 3$.

10. 设有一电脉冲，脉冲的幅度是随机的，其幅度的变域为 $\{1, 2, 3, \cdots, n\}$，且在其上服从均匀分布，现用一电表测量其幅度，每隔一单位时间测量一次，从第一次测量算起，记录其最大值 X_n，$n \geq 1$.

（1）试说明 $\{X_n, n \geq 1\}$ 是一齐次马尔可夫链；

（2）写出一步转移概率矩阵；

（3）仪器记录到最大值 n 的期望时间.

11. 设齐次马尔可夫链 $\{X(n), n = 0, 1, 2, \cdots\}$ 的状态空间为 $E = \{1, 2, 3, 4\}$，状态转移概率矩阵为

$$\boldsymbol{P} = \begin{pmatrix} \dfrac{1}{2} & \dfrac{1}{2} & 0 & 0 \\[2mm] 1 & 0 & 0 & 0 \\[2mm] 0 & \dfrac{1}{3} & \dfrac{2}{3} & 0 \\[2mm] \dfrac{1}{2} & 0 & \dfrac{1}{2} & 0 \end{pmatrix}.$$

（1）画出状态转移概率图；

（2）讨论各状态的性质；

（3）分解状态空间.

12. 设马尔可夫链的转移概率矩阵为

$$\boldsymbol{P} = \begin{bmatrix} 0.1 & 0.1 & 0.2 & 0.2 & 0.4 & 0 & 0 \\ 0 & 0 & 0.5 & 0.5 & 0 & 0 & 0 \\ 0 & 0 & 0 & 1 & 0 & 0 & 0 \\ 0 & 1 & 0 & 0 & 0 & 0 & 0 \\ 0 & 0 & 0 & 0 & 0.5 & 0.5 & 0 \\ 0 & 0 & 0 & 0 & 0.5 & 0 & 0.5 \\ 0 & 0 & 0 & 0 & 0 & 0.5 & 0.5 \end{bmatrix}.$$

（1）按状态空间的分解定理分解状态空间；

（2）求每一个不可约非周期常返闭集的极限分布；

（3）求 $\lim\limits_{n \to \infty} p_{12}^{(n)}$.

13. 设有齐次马尔可夫链 $\{X_n, n = 0, 1, 2, \cdots\}$，其一步转移概率矩阵为

$$(1)\ \boldsymbol{P} = \begin{bmatrix} 0 & 1 & 0 \\[2mm] \dfrac{1}{4} & \dfrac{1}{2} & \dfrac{1}{4} \\[2mm] 0 & 1 & 0 \end{bmatrix}; \quad (2)\ \boldsymbol{P} = \begin{bmatrix} \dfrac{1}{4} & 0 & \dfrac{1}{4} & \dfrac{1}{2} \\[2mm] \dfrac{1}{4} & \dfrac{1}{4} & \dfrac{1}{4} & \dfrac{1}{4} \\[2mm] 0 & 0 & \dfrac{1}{2} & \dfrac{1}{2} \\[2mm] \dfrac{1}{2} & 0 & \dfrac{1}{2} & 0 \end{bmatrix}.$$

试求其平稳分布.

第6章 维纳过程(布朗运动)

1827 年,苏格兰生物学家 R·布朗发现水中的花粉及其他悬浮的微小颗粒不停地做不规则的曲线运动,后来把这个现象称为布朗运动.随后许多学者对布朗运动产生的原因进行了长期的研究.关于这个现象的第一个数学解释是爱因斯坦(Einstein)在 1905 年首次从物理定律中导出的.1918 年维纳(Wiener)运用数学理论严格描述了这种无规则运动,并用随机过程理论和概率理论建立了数学模型.因此布朗运动又称维纳过程.

现在,布朗运动已成为分子运动论和统计力学的基础,在数理统计、量子力学、通信理论、生物学、管理科学等领域得到了广泛的应用.

§6.1 布朗运动概述

质点在直线的上随机的游动可以看作是一维的布朗运动,我们来分析这个做布朗运动质点的位移特性.

先来分析质点位置的性质.

用 $X(t)$ 表示数轴上随机游动的质点在时刻 t 的位置(初始时刻 $t=0$, $X(0)=0$).

由于将微粒的运动看作是由许多分子碰撞所产生的许多微小的位移形成的.假定 $(0,t]$ 时间内质点经过了 n 次移动到达了 $X(t)$,每次移动的间隔时间 $\Delta t=\dfrac{t}{n}$,每次移动的步长为 Δx.显然时间间隔 Δt 越小,每次位移的步长也越小,所以 Δx 是 Δt 的增函数,记为 $\Delta x=\Delta x(\Delta t)$.

每一次移动的方向用随机变量序列表示:

$$X_i=\begin{cases}1, & \text{若第}i\text{次往右移动,}\\ -1, & \text{若第}i\text{次往左移动,}\end{cases} \quad i=1,2\cdots,n.$$

即 X_i, $i=1,2\cdots,n$ 相互独立且具分布律为

X_i	-1	1
p	$\dfrac{1}{2}$	$\dfrac{1}{2}$

那么质点在时刻 t 的位移就可以表示为

$$X(t)=\Delta x\sum_{i=1}^{n}X_i, \tag{6-1}$$

且

$$E\big[X(t)\big]=0, \tag{6-2}$$

$$D\big[X(t)\big]=n(\Delta x)^2=\frac{t}{\Delta t}(\Delta x)^2. \tag{6-3}$$

若 Δx 取 比 $\sqrt{\Delta t}$ 更高阶或低阶无穷小时,导致 $\Delta t \to 0$ 时, $D[X(t)]$ 为 0 或 ∞ ,所以取 $\Delta x = \sigma\sqrt{\Delta t}$,得到

$$D[X(t)] = \sigma^2 t, \tag{6-4}$$

令 $\Delta t \to 0$,有 $n \to \infty$,根据中心极限定理,(6-1)式中 $X(t)$ 应服从正态分布:

$$X(t) \sim N(0, \ \sigma^2 t) . \tag{6-5}$$

再来分析质点位移的性质:

由于质点在时间段 $(s,t]$ 发生的位移是增量 $X(t) - X(s)$,是由在这个时间段内受到的分子碰撞而产生的,因此只与 $t-s$ 有关,而与 s 无关;同时质点在不重叠的两个区间上质点发生的位移显然是相互独立的. 所以 $X(t)$ 具有平稳增量和独立增量性质.

由此我们就给出布朗运动的数学定义.

定义 6.1 若随机过程 $\{B(t), t \geq 0\}$ 满足下列条件:

(1) $B(0) = 0$;

(2)具有平稳增量、独立增量;

(3) $t > 0, B(t) \sim N(0, \sigma^2 t)$. $\tag{6-6}$

称 $\{B(t), t \geq 0\}$ 是始于 0 的方差参数为 σ^2 的布朗运动(或维纳过程). $\sigma^2 = 1$ 时,称为标准布朗运动(或标准维纳过程).

定义 6.1 中的 $B(0) = 0$,表示布朗运动的初始由原点出发.

根据平稳增量的性质知, $0 < s < t$,参数为 σ^2 的布朗运动的增量服从正态分布:

$$B(t) - B(s) \sim N(0, \ \sigma^2(t-s)). \tag{6-7}$$

例 6.1 设 $\{B(t), t \geq 0\}$ 是始于 0 的方差参数为 σ^2 的维纳过程,求均值函数和自相关函数.

解 由定义 6.1 知

$$B(t) \sim N(0, \sigma^2 t) ,$$

所以均值函数 $E[B(t)] = 0$.

对 $s \leq t$,

$$B(t) - B(s) \sim N(0, \sigma^2(t-s))$$

$$R_B(s,t) = E[B(s)B(t)] = \text{Cov}[B(s), B(t)]$$

$$= \text{Cov}\{B(s) - B(0), [B(t) - B(s) + B(s) - B(0)]\}$$

$$= D[B(s)] \qquad (因为 B(t) 是独立增量)$$

$$= \sigma^2 s .$$

同样可得 $s > t$, $R_B(s,t) = \sigma^2 t$.

所以自相关函数 $R_B(s,t) = \sigma^2 \min(s,t)$. $\tag{6-8}$

我们还可以定义初始由任意点出发的布朗运动.

定义 6.2 若随机过程 $\{B(t), t \geq 0\}$ 满足下列条件:

（1）$B(0) = a$;

（2）具有平稳增量、独立增量；

（3）$s < t, B(t) - B(s) \sim N\left(0, \sigma^2(t-s)\right)$. （6-9）

称 $\{B(t), t \geq 0\}$ 是始于 a 的方差参数为 σ^2 的布朗运动（或维纳过程）.

注意到，始于 a 的方差参数为 σ^2 的布朗运动 $B(t)$ 的一维分布为

$$B(t) = B(t) - B(0) + a \sim N\left(a, \ \sigma^2 t\right) .$$ （6-10）

显然，若 $\{B(t), t \geq 0\}$ 是始于 a 的布朗运动，则 $B_1(t) = B(t) - a$ 是始于 0 的布朗运动，故我们只需研究始于 0 的布朗运动.

我们还注意到，始于 0 和始于 a 的布朗运动，其增量分布都是一样的：

$$B(t) - B(s) \sim N\left(0, \sigma^2(t-s)\right) , \quad s < t .$$ （6-11）

例 6.2 $\{B(t), t \geq 0\}$ 是布朗运动，$0 < s < t$. 证明：在 $B(s) = b$ 条件下，$B(t)$ 服从正态分布 $N\left(b, \sigma^2(t-s)\right)$.

证明 设布朗运动始于 a ，先求条件分布函数.

$$
\begin{aligned}
F_{t|s}(x \mid b) &= P(B(t) \leq x \mid B(s) = b) \\
&= P(B(t) - B(s) \leq x - b \mid B(s) - B(0) = b - a) \\
&= P(B(t) - B(s) \leq x - b) \quad （根据独立增量性） \\
&= \int_{-\infty}^{x-b} \frac{1}{\sigma\sqrt{2\pi(t-s)}} e^{-\frac{u^2}{2\sigma^2(t-s)}} du .
\end{aligned}
$$ （6-12）

（6-12）式最后一步是因为 $B(t) - B(s) \sim N\left(0, \sigma^2(t-s)\right)$.

得 $B(s) = b$ 条件下 $B(t)$ 的条件概率密度为

$$f_{t|s}(x \mid b) = \frac{dF_{t|s}(x \mid b)}{dx} = \frac{1}{\sigma\sqrt{2\pi(t-s)}} e^{-\frac{(x-b)^2}{2\sigma^2(t-s)}} .$$ （6-13）

即在 $B(s) = b$ 条件下，$B(t)$ 服从正态分布 $N\left(b, \sigma^2(t-s)\right)$.

证毕.

这个结论表明：若已知布朗运动在任何时间点的状态值，往后的运动都可以看作一个始于当前状态的布朗运动.

定义 6.3 随机过程 $\{X(t), t \in T\}$ ，如果它的任意有限维分布都是正态分布，称该过程为正态过程，或高斯过程.

例 6.3 证明布朗运动 $\{B(t), t \geq 0\}$ 是正态过程.

证明 设布朗运动始于 a . 对于 $0 < t_1 < t_2 < \cdots, < t_n$，令

$$Y_1 = B(t_1) = B(t_1) - B(0) + a,$$
$$Y_2 = B(t_2) - B(t_1),$$
$$\vdots$$
$$Y_n = B(t_n) - B(t_{n-1}).$$

由布朗运动定义知:$Y_1, Y_2, \cdots, Y_n$ 相互独立,且服从正态分布.

而
$$\begin{cases} B(t_1) = Y_1, \\ B(t_2) = Y_1 + Y_2, \\ \vdots \\ B(t_n) = Y_1 + Y_2 + \cdots + Y_n, \end{cases} \tag{6-14}$$

$(B(t_1), \cdots, B(t_n))'$ 为 $Y_1, Y_2, \cdots, Y_n$ 的线性变换形成,由正态分布的性质知,$(B(t_1), \cdots, B(t_n))'$ 为 n 维正态分布.

所以布朗运动 $\{B(t), t \geq 0\}$ 是高斯过程.   证毕.

例 6.4 证明布朗运动 $\{B(t), t \geq 0\}$ 是马尔可夫过程.

证明 设布朗运动始于 a . 对任意 $0 < t_1 < \cdots < t_n < t_{n+1}$,有

$$P(B(t_{n+1}) \leq x \mid B(t_1) = x_1, \cdots, B(t_{n-1}) = x_{n-1}, B(t_n) = x_n)$$
$$= P(B(t_{n+1}) - B(t_n) \leq x - x_n \mid B(t_1) - B(0) = x_1 - a, \cdots, B(t_n) - B(t_{n-1}) = x_n - x_{n-1})$$
$$= P(B(t_{n+1}) - B(t_n) \leq x - x_n) . \quad (\text{根据独立增量性})$$

又

$$P(B(t_{n+1}) \leq x \mid B(t_{n+1}) = x_n)$$
$$= P(B(t_{n+1}) - B(t_n) \leq x - x_n \mid B(t_n) - B(0) = x_n - a)$$
$$= P(B(t_{n+1}) - B(t_n) \leq x - x_n). \quad (\text{根据独立增量性})$$

则

$$P(B(t_{n+1}) \leq x \mid B(t_1) = x_1, \cdots, B(t_n) = x_n) = P(B(t_{n+1}) \leq x \mid B(t_{n+1}) = x_n) .$$

所以 $\{B(t), t \geq 0\}$ 为马尔可夫过程.   证毕.

还可以证明,任一独立增量过程一定是马尔可夫过程.

定理 6.1 设 $\{B(t), t \geq 0\}$ 是始于 a 的布朗运动,则对任意 $0 < t_1 < t_2 < \cdots < t_n$,$(B(t_1), B(t_2), \cdots, B(t_n))$ 的有限维联合概率密度为

$$f_{t_1, t_2, \cdots, t_n}(x_1, x_2, \cdots, x_n) = f_{t_1}(x_1 - a) f_{t_2 - t_1}(x_2 - x_1) \cdots f_{t_n - t_{n-1}}(x_n - x_{n-1}) , \tag{6-15}$$

其中

$$f_t(x) = \frac{1}{\sigma \sqrt{2\pi t}} \mathrm{e}^{-\frac{x^2}{2\sigma^2 t}} \tag{6-16}$$

是服从正态分布 $N(0, \sigma^2 t)$ 的随机变量的概率密度.

证明 根据(6-13)式及(6-16)式,有

$$f_{t|s}(x \mid a) = f_{t-s}(x - a) , \quad 0 < s < t , \tag{6-17}$$

$(B(t_1), B(t_2), \cdots, B(t_n))$ 的联合概率密度为

$$f_{t_1, t_2, \cdots, t_n}(x_1, x_2, \cdots, x_n) = f_{t_1, t_2, \cdots, t_n|0}(x_1, x_2, \cdots, x_n \mid a)$$
$$= f_{t_1|0}(x_1 \mid a) f_{t_2|t_1}(x_2 \mid x_1) f_{t_3|t_1, t_2}(x_3 \mid x_1, x_2) \cdots f_{t_n|t_1, t_2, \cdots, t_{n-1}}(x_n \mid x_1, x_2, \cdots, x_{n-1})$$
$$= f_{t_1|0}(x_1 \mid a) f_{t_2|t_1}(x_2 \mid x_1) f_{t_3|t_2}(x_3 \mid x_2) \cdots f_{t_n|t_{n-1}}(x_n \mid x_{n-1}) \quad (\text{由马尔可夫性})$$

$$= f_{t_1}(x_1 - a) f_{t_2 - t_1}(x_2 - x_1) \cdots f_{t_n - t_{n-1}}(x_n - x_{n-1}) . \quad （根据（6-17）式）$$

证毕.

推论　$\{B(t), t \geq 0\}$ 是布朗运动,则对任意 $x, x_i \in R$, $0 < s < t_1 < t_2 < \cdots < t_n$, $i = 1, 2, \cdots, n$,有

$$P(B(t_1) \leq x_1, \cdots, B(t_n) \leq x_n \mid B(s) = x) = P(B(t_1) \leq x_1 - x, \cdots, B(t_n) \leq x_n - x \mid B(s) = 0) .$$

（6-18）

推论描述的性质称为布朗运动的**空间齐次性**.

定理 6.2（轨道连续性）　$\{B(t), t \geq 0\}$ 是布朗运动的轨道（样本函数）是 t 的连续函数（证明略）.

§6.2　布朗运动的首达时刻、最大值变量及反正弦律

定义 6.4　$\{B(t), t \geq 0\}$ 是布朗运动,称随机变量:

$$T_x = \inf\{t > 0; B(t) = x\}$$

为布朗运动 $\{B(t), t \geq 0\}$ 首次击中 x 的时刻.

为简单起见,在下面的讨论中我们假设 $\{B(t), t \geq 0\}$ 是始于 0 的标准布朗运动. 显然,$T_0 \equiv 0$.

定理 6.3　$\{B(t), t \geq 0\}$ 是始于 0 的标准布朗运动,则 T_x 的概率密度为

$$f_{T_x}(t) = \begin{cases} \dfrac{|x|}{\sqrt{2\pi}} t^{-\frac{3}{2}} e^{-\frac{x^2}{2t}}, & t > 0, \\ 0, & t \leq 0. \end{cases} \quad （6-19）$$

其中 $x \neq 0$.

证明　若 $x > 0$,

$t < 0$ 时,$P(T_x < t) = 0$;

$t > 0$ 时,根据布朗运动的轨道连续性,若 $B(t) > x$,那么布朗过程必定在时间 $(0, t)$ 内到达过状态 x ,即

$$\{B(t) > x\} \subset \{T_x < t\} ,$$
$$P\{B(t) > x\} = P\{T_x < t, B(t) > x\}$$
$$= P\{T_x < t\} P\{B(t) > x \mid T_x < t\} .$$

在 $T_x < t$ 条件下,即存在某个 $c \in (0, t)$,$B(c) = x$,根据例 6.2 的结论,那么在 $t > c$ 时间之后的布朗运动相当于一个始于 x 的布朗运动,在 c 之后时刻 $B(t)$ 处于 x 之上或之下是等可能的,均为 $\dfrac{1}{2}$,即

$$P\{B(t) > x \mid T_x < t\} = \frac{1}{2} ,$$

从而 $P\{B(t) > x\} = \dfrac{1}{2} P\{T_x < t\}$,

$$P(T_x < t) = 2P(B(t) > x) = \frac{2}{\sqrt{2\pi t}} \int_x^{+\infty} e^{-\frac{u^2}{2t}} du. \qquad (6\text{-}20)$$

若 $x < 0$，根据始于 0 的布朗运动关于原点的对称性知

$$F_{T_x}(t) = P(T_x < t) = P(T_{-x} < t) = \frac{2}{\sqrt{2\pi t}} \int_{-x}^{+\infty} e^{-\frac{u^2}{2t}} du. \qquad (6\text{-}21)$$

所以，对于一切 $x \neq 0$，有

$$F_{T_x}(t) = P(T_x < t) = \frac{2}{\sqrt{2\pi t}} \int_{|x|}^{+\infty} e^{-\frac{u^2}{2t}} du. \qquad (6\text{-}22)$$

为了便于求导，我们对（6-22）式的积分做变量代换，令 $\dfrac{u}{\sqrt{t}} = v$，得

$$F_{T_x}(t) = P(T_x < t) = \frac{2}{\sqrt{2\pi}} \int_{\frac{|x|}{\sqrt{t}}}^{+\infty} e^{-\frac{v^2}{2}} dv = 2\left[1 - \Phi\left(\frac{|x|}{\sqrt{t}}\right)\right]. \qquad (6\text{-}23)$$

其中 $\Phi(x)$ 为标准正态的分布函数.

将（6-23）式两边对 t 求导得

$$f_{T_x}(t) = \frac{|x|}{\sqrt{2\pi}} t^{-\frac{3}{2}} e^{-\frac{x^2}{2t}},$$

所以 T_x 的概率密度为

$$f_{T_x}(t) = \begin{cases} \dfrac{|x|}{\sqrt{2\pi}} t^{-\frac{3}{2}} e^{-\frac{x^2}{2t}}, & t > 0, \\ 0, & t \leq 0. \end{cases}$$

证毕.

注意到，根据（6-19）式，对一切 $x \neq 0$（不妨设 $x>0$）有

$$P(T_x < \infty) = \int_0^{+\infty} \frac{x}{\sqrt{2\pi}} t^{-\frac{3}{2}} e^{-\frac{x^2}{2t}} dt \overset{y=\frac{x}{\sqrt{t}}}{=\!=\!=} \frac{2}{\sqrt{2\pi}} \int_0^{+\infty} e^{-\frac{y^2}{2}} dy = 1,$$

$$E(T_x) = \int_{-\infty}^{+\infty} t f_{T_x}(t) dt = \frac{x}{\sqrt{2\pi}} \int_0^{+\infty} t^{-\frac{1}{2}} e^{-\frac{x^2}{2t}} dt \overset{y=\frac{x}{\sqrt{t}}}{=\!=\!=} \frac{2x^2}{\sqrt{2\pi}} \int_0^{+\infty} \frac{1}{y^2} e^{-\frac{y^2}{2}} dy = \infty.$$

表明布朗运动以概率 1 迟早会击中 x，但它的平均时间是无限的. 再根据布朗运动的空间齐次性知，布朗运动从任一点出发击中 x 的概率是 1.

注　T_x 的相关概率可以用 T_x 的概率密度公式（（6-19）式）计算，也可用（6-22）式或（6-23）式计算.

定义 6.5　$\{B(t), t \geq 0\}$ 是布朗运动，称随机变量：

$$M(t) = \max_{0 \leq s \leq t} B(s), \qquad m(t) = \min_{0 \leq s \leq t} B(s),$$

分别表示布朗运动 $B(t)$ 在 $[0, t]$ 中的最大值与最小值.

定理 6.4　设 $\{B(t), t \geq 0\}$ 是始于 0 的标准布朗运动，则 $M(t)$ 与 $m(t)$ 的概率密度分别为

（1）$f_M(x) = \begin{cases} \dfrac{2}{\sqrt{2\pi t}}\, e^{\frac{x^2}{2t}}, & x > 0, \\ 0, & x \leqslant 0; \end{cases}$ （6-24）

（2）$f_m(x) = \begin{cases} \dfrac{2}{\sqrt{2\pi t}}\, e^{-\frac{x^2}{2t}}, & x < 0, \\ 0, & x \geqslant 0. \end{cases}$ （6-25）

证（1）

若 $x < 0$，由于 $B(0) = 0$，$(M(t) \leqslant x)$ 是不可能事件，故

$$F_M(x) = P(M(t) \leqslant x) = 0 .$$

若 $x > 0$，$\{M(t) < x\} = \{T_x > t\}$，

$$F_M(x) = P\{M(t) < x\} = P\{T_x > t\}$$

$$= 1 - \frac{2}{\sqrt{2\pi t}} \int_x^{+\infty} e^{-\frac{u^2}{2t}} du. \quad （根据（6-22）式）$$

上式对 x 求导得

$$f_M(x) = \frac{2}{\sqrt{2\pi t}}\, e^{-\frac{x^2}{2t}}.$$

因此，$M(t)$ 的概率密度为

$$f_M(x) = \begin{cases} \dfrac{2}{\sqrt{2\pi t}}\, e^{-\frac{x^2}{2t}}, & x > 0, \\ 0, & x \leqslant 0. \end{cases}$$

（2）若 $x \geqslant 0$，由于 $B(0) = 0$，事件 $(m(t) \leqslant x)$ 是必然事件，故

$$F_m(x) = P(m(t) \leqslant x) = 1 , \quad f_m(x) = 0 .$$

若 $x < 0$，由始于 0 的布朗运动的对称性，$B(t)$ 与 $-B(t)$ 具有同样的分布：

$$F_m(x) = P(m(t) \leqslant x) = P(T_x < t) ,$$

$$= \frac{2}{\sqrt{2\pi t}} \int_{|x|}^{+\infty} e^{-\frac{u^2}{2t}} du \quad （根据（6-22）式）$$

$$= \frac{2}{\sqrt{2\pi t}} \int_{-x}^{+\infty} e^{-\frac{u^2}{2t}} du.$$

上式对 x 求导，得到 $m(t)$ 的概率密度为

$$f_m(x) = f_M(-x) = \begin{cases} \dfrac{2}{\sqrt{2\pi t}}\, e^{-\frac{x^2}{2t}}, & x < 0, \\ 0, & x \geqslant 0. \end{cases}$$

证毕.

下面讨论布朗运动有关零点的定理.

定理 6.5 设 $\{B^x(t), t \geqslant 0\}$ 是始于 x 的布朗运动，则 $B^x(t)$ 在 $(0,t)$ 内至少有一个零点的概率为

$$\frac{2}{\sqrt{2\pi t}} \int_{|x|}^{+\infty} e^{-\frac{u^2}{2t}} du. \tag{6-26}$$

证明　根据布朗运动的空间齐次性知,始于 x 的布朗运动布朗运动在 $(0,t)$ 内至少有一个零点等价于始于 0 的布朗运动在 $(0,t)$ 内至少击中 $-x$ 一次,即始于 0 的布朗运动首次击中 $-x$ 的时刻在 t 之前. 所以根据（6-22）式有

$$P\{B^x(t)在(0,t)内至少有一个零点\} = \frac{2}{\sqrt{2\pi t}} \int_{|x|}^{+\infty} e^{-\frac{u^2}{2t}} du.　　　证毕.$$

若记 $O(a,b)$ 表示布朗运动 $\{B(t),t\geq 0\}$ 在时间区间 (a,b) 中至少取得一个零点这一事件,则我们有如下反正弦律.

定理 6.6　$\{B(t),t\geq 0\}$ 是始于 0 的标准布朗运动,则 $B(t)$ 在 (a,b) 内至少有一个零点的概率为

$$P(O(a,b)) = 1 - \frac{2}{\pi} \arcsin \sqrt{b/a}. \tag{6-27}$$

证明　$B(t)$ 的概率密度为 $f_t(x) = \frac{1}{\sqrt{2\pi t}} e^{-\frac{x^2}{2t}}$,利用全概率公式

$$\begin{aligned}
P(O(a,b)) &= \int_{-\infty}^{+\infty} P\{[B(t)在(a,b)至少有一个零点],B(a)=x\} f_a(x) dx \\
&= \int_{-\infty}^{+\infty} P[B^x(t)在(0,b-a)内至少有一个零点] f_a(x) dx \\
&= \int_{-\infty}^{+\infty} [\frac{2}{\sqrt{2\pi(b-a)}} \int_{|x|}^{+\infty} e^{-\frac{y^2}{2(b-a)}} dy] \frac{1}{\sqrt{2\pi a}} e^{-\frac{x^2}{2a}} dx \quad （根据定理 6.5） \\
&= \frac{2}{\pi\sqrt{a(b-a)}} \int_0^{+\infty} [\int_x^{+\infty} e^{-\frac{y^2}{2(b-a)}} dy] e^{-\frac{x^2}{2a}} dx.
\end{aligned}$$

上式做变量代换,令 $\frac{x}{\sqrt{a}} = r\cos\theta, \frac{y}{\sqrt{b-a}} = r\sin\theta$,计算可得

$$P(O(a,b)) = 1 - \frac{2}{\pi} \arcsin \sqrt{a/b}.　　　证毕.$$

§6.3　布朗运动的几种变化

1. 有吸收的布朗运动

定义 6.6　$\{B(t),t\geq 0\}$ 是始于 0 的标准布朗运动, T_x 是 $B(t)$ 首次击中 x 的时刻,记

$$Z(t) = \begin{cases} B(t), & 若 t < T_x, \\ x, & 若 t \geq T_x. \end{cases} \tag{6-28}$$

称 $\{Z(t),t\geq 0\}$ 是在 x 有吸收的布朗运动.

定理 6.7　$\{Z(t),t\geq 0\}$ 是在 x 有吸收的布朗运动, $x>0$,则 $Z(t)$ 是既有离散取值又有连续取值的混合型随机变量, $Z(t)$ 的概率分布如下。

离散部分：

$$P(Z(t)=x)=\frac{2}{\sqrt{2\pi t}}\int_{x}^{+\infty}\mathrm{e}^{-\frac{u^2}{2t}}\mathrm{d}u .\tag{6-29}$$

连续部分 $y<x$；

$$P(Z(t)\leqslant y)=\frac{1}{\sqrt{2\pi t}}\int_{y-2x}^{y}\mathrm{e}^{-\frac{u^2}{2t}}\mathrm{d}u.\tag{6-30}$$

证明　对任意 $t>0$，$Z(t)$ 的取值范围是 $(-\infty,x]$，x 是 $Z(t)$ 的离散取值点，而 $(-\infty,x)$ 是 $Z(t)$ 的概率连续分布部分.

离散部分：

$$P(Z(t)=x)=P(T_x\leqslant t)$$

$$=\frac{2}{\sqrt{2\pi t}}\int_{x}^{+\infty}\mathrm{e}^{-\frac{u^2}{2t}}\mathrm{d}u.\quad（根据（6-22）式）$$

连续部分，$y<x$ 时：

$$P(Z(t)\leqslant y)=P(B(t)\leqslant y,T_x>t)$$

$$=P(B(t)\leqslant y)-P(B(t)\leqslant y,T_x\leqslant t) .\tag{6-31}$$

分析（6-31）式右边第二项：

$T_x<t$ 时，即存在某个 $c\in(0,t)$，$B(c)=x$，那么在 $t>c$ 时间之后的布朗运动相当于一个初始为 x 的布朗运动，在 c 之后时刻 $B(t)$ 是均值为 x 的正态分布，其概率密度关于 x 是对称的，注意到 y 关于 x 的对称点是 $2x-y$，所以有

$$P(B(t)\leqslant y,T_x<t)=P(B(t)\geqslant 2x-y,T_x<t) .\tag{6-32}$$

又因为 $B(t)\geqslant 2x-y$ 时，有

$$B(t)\geqslant x+(x-y)>x ,$$

由布朗过程轨道连续性知，必有 $T_x<t$，即

$$(B(t)\geqslant 2x-y)\subset(T_x<t) .$$

（6-32）式变为

$$P(B(t)\leqslant y,T_x<t)=P(B(t)\geqslant 2x-y) .\tag{6-33}$$

把（6-33）式代入（6-31）式得

$$P(Z(t)\leqslant y)=P(B(t)\leqslant y)-P(B(t)\geqslant 2x-y)$$

$$=P(B(t)\leqslant y)-P(B(t)\leqslant y-2x)$$

$$=\frac{1}{\sqrt{2\pi t}}\int_{y-2x}^{y}\mathrm{e}^{-\frac{u^2}{2t}}\mathrm{d}u.\qquad\text{证毕.}$$

2. 有漂移的布朗运动

定义 6.7　设 $\{B(t),t\geqslant 0\}$ 是始于 0 的标准布朗运动，

$$X(t)=\sigma B(t)+\mu t ,\tag{6-34}$$

称随机过程 $\{X(t),t\geqslant 0\}$ 为具有漂移系数 μ 和方差参数 σ^2 的布朗运动.

容易证明：有漂移的布朗运动也是平稳增量和独立增量过程.

有漂移的布朗运动可以等价地按下列条件进行定义.

定义 6.8 称随机过程 $\{X(t), t \geq 0\}$ 为具有漂移系数 μ 和方差参数 σ^2 的布朗运动,若

(1) $X(0) = 0$;

(2) $\{X(t), t \geq 0\}$ 具有平稳增量、独立增量;

(3) $X(t) \sim N(\mu t, \sigma^2 t)$.

3. 几何布朗运动

定义 6.9 如果 $\{X(t), t \geq 0\}$ 是具有漂移系数 μ 和方差参数 σ^2 的布朗运动,

$$Y(t) = e^{X(t)}, \tag{6-35}$$

称随机过程 $\{Y(t), t \geq 0\}$ 为几何布朗运动.

定理 6.8 $\{X(t), t \geq 0\}$ 是具有漂移系数 μ 和方差参数 σ^2 的布朗运动, $Y(t) = e^{X(t)}$ 为几何布朗运动,则

$$E[Y(t)] = e^{\mu t + \frac{1}{2}\sigma^2 t}, \tag{6-36}$$

$$D[Y(t)] = e^{2\mu t}\left(e^{2\sigma^2 t} - e^{\sigma^2 t}\right). \tag{6-37}$$

证明 $X(t) \sim N(\mu t, \sigma^2 t)$,所以 $X(t)$ 的特征函数为

$$g(u) = E[e^{iuX(t)}] = e^{i\mu tu - \frac{1}{2}\sigma^2 tu^2}.$$

上式中分别令 $u = -i$, $u = -2i$ 得

$$E[Y(t)] = E[e^{X(t)}] = e^{\mu t + \frac{1}{2}\sigma^2 t},$$

$$E[Y^2(t)] = E[e^{2X(t)}] = e^{2\mu t + 2\sigma^2 t},$$

$$D[Y(t)] = E[Y^2(t)] - E^2[Y(t)] = e^{2\mu t}\left(e^{2\sigma^2 t} - e^{\sigma^2 t}\right). \qquad \text{证毕.}$$

几何布朗运动较多地应用于股票价格模型的建模中,当认为价格的相对比例变化是独立同分布的随机变量时,那么把这个价格过程看作几何布朗运动是适宜的.

对于几何布朗运动,在 $0 \leq u \leq s$ 时的变化情形已知时, $t > s$ 时 $Y(t)$ 的期望是什么? 也就是如何计算 $E[Y(t)|Y(u), 0 \leq u \leq s](t > s)$,这是一个有意义的问题.

定理 6.9 $\{X(t), t \geq 0\}$ 是具有漂移系数 μ 和方差参数 σ^2 的布朗运动, $Y(t) = e^{X(t)}$ 为几何布朗运动,则 $t > s$ 时:

$$E[Y(t)|Y(u), 0 \leq u \leq s] = Y(s)e^{(t-s)\left(\mu + \frac{\sigma^2}{2}\right)}. \tag{6-38}$$

证明

$$E\left[e^{X(t)} \mid X(u), 0 \leq u \leq s\right] = E\left[e^{X(t)-X(s)+X(s)} \mid X(u), 0 \leq u \leq s\right]$$

$$= E\left[e^{X(t)-X(s)} \mid X(u), 0 \leq u \leq s\right] E\left[e^{X(s)} \mid X(u), 0 \leq u \leq s\right] \quad (X(t)-X(s) \text{与} X(s) \text{独立})$$

$$= e^{X(s)} E\left[e^{X(t)-X(s)} \mid X(u), 0 \leq u \leq s\right]$$

$$= e^{X(s)} E\left[e^{X(t)-X(s)}\right] \quad (X(t) \text{是独立增量过程})$$

$$= e^{X(s)} E\left[e^{X(t-s)}\right] \quad (X(t) \text{是平稳增量过程})$$

$$= e^{X(s)} e^{(t-s)\left(\mu + \frac{\sigma^2}{2}\right)}. \quad （根据定理 6.8 的（6-36）式）$$

证毕.

例 6.5 股票期权的价值问题. 设某人拥有在将来的一个时刻 T 以固定的价格 K 购买一股某种股票的期权. 假设股票目前的价格为 y_0，且股票的价格按几何布朗运动变化，我们来计算拥有这期权的平均价值.

解 设 $\{B(t), t \geq 0\}$ 是始于 0 的标准布朗运动，t 时刻股票价格为

$$Y(t) = y_0 e^{\sigma B(t) + \mu t},$$

由于 t_0 时的股票价格是 K 或更高时，期权将被实施，所以期权的价值为

$$\max(Y(T) - K, 0).$$

期权的平均价值

$$
\begin{aligned}
E[\max(Y(T) - K, 0)] &= \int_0^{+\infty} P(Y(T) - K > x)\mathrm{d}x \\
&= \int_0^{+\infty} P(y_0 e^{\sigma B(T) + \mu T} - K > x)\mathrm{d}x \\
&= \int_0^{+\infty} P\left(B(T) > \frac{\ln\dfrac{K+x}{y_0} - \mu T}{\sigma}\right)\mathrm{d}x \\
&= \frac{1}{\sqrt{2\pi T}} \int_0^{+\infty} \int_{\frac{\ln\frac{K+x}{y_0} - \mu T}{\sigma}}^{+\infty} e^{-\frac{u^2}{2T}} \mathrm{d}u \mathrm{d}x.
\end{aligned}
\tag{6-39}
$$

习题 6

1. $\{B(t), t \geq 0\}$ 是的标准布朗运动，计算 $P\{B(1) < a, B(2) > 0\}$.

2. $\{B(t), t \geq 0\}$ 是始于 0 的标准布朗运动，求 $B(1) + B(2) + B(3)$ 的分布.

3. $\{W(t), -\infty < t < +\infty\}$，$W(0) = 0$ 是参数为 σ^2 的维纳过程，

$$X(t) = e^{-at} W(e^{2at}), \quad -\infty < t < +\infty.$$

证明：$X(t)$ 为正态过程，且 $R_X(t + \tau, t) = \sigma^2 e^{-a|\tau|}$.

4. 证明 $\{W(t), t \geq 0\}$ 是始于 0 的标准布朗运动的充要条件是：

（1）$\{W(t), t \geq 0\}$ 是高斯过程；

（2）$E[W(t)] = 0$；

（3）$E[W(t)W(s)] = \min(s, t)$.

5. $\{B(t), t \geq 0\}$ 是始于 0 的标准布朗运动，$t > s$，证明：

（1）$B(t) = b$ 时，$B(s)$ 的条件概率密度 $f_{s|t}(x \mid b) = k \exp\left\{-\dfrac{(x - bs/t)^2}{2s(t-s)/t}\right\}$；

（2）$E[B(s) \mid B(t) = b] = \dfrac{s}{t} b$；

（3）$\mathrm{var}\left[B(s)\mid B(t)=b\right]=\dfrac{s}{t}(t-s)$.

6. $\{X(t),t\in T\}$ 是正态过程，且

$$m_X(t)=\alpha+\beta t, B_X(t,t-\tau)=\mathrm{e}^{-a|\tau|}, \quad \alpha>0,\beta>0,a>0 ;$$

$Y(t)=X(t+b)-X(t),b>0$.

求 $\{Y(t),t\geq 0\}$ 和 $\{Y(t),t\in T\}$ 的均值函数和自相关函数.

第7章 二阶矩过程的随机分析

随机过程 $\{X(t), t \in T\}$ 关于时间 t 的极限、连续、导数、积分的问题，称为随机分析.

高等数学中，对确定性函数的研究是先从数列极限入手，然后推广到函数极限，进而讨论函数的连续、导数、积分问题. 对于随机过程分析性质的研究，我们同样先引入随机序列 $X_n, n = 1, 2, \ldots$ 的极限，然后把序列极限定义推广到连续时间随机过程 $\{X(t), t \in T\}$ 的情形，进而讨论连续时间随机过程的连续、导数、积分问题.

本章所讨论的随机过程都假定存在二阶矩，也称二阶矩过程..

本章需要用到柯西–施瓦兹不等式、契比雪夫不等式，这些相关结论都在第 1 章有介绍.

§7.1 随机序列的极限

先介绍随机序列的几种极限概念.

定义 7.1 $X_n, n = 1, 2, \cdots$ 及 X 都是样本空间 Ω 上的随机变量，若有

$$P\left(e \in \Omega : \lim_{n \to \infty} X_n(e) = X(e)\right) = 1 , \tag{7-1}$$

则称 $X_n, n = 1, 2, \cdots$ 几乎处处收敛于 X，记

$$\lim_{n \to \infty} X_n \underline{\quad \text{a.e} \quad} X . \tag{7-2}$$

a.e. 是 almost everywhere(处处)的编写.

上述定义的含义是 Ω 中除了概率为零的子集外的任意 e，对应的数列 $X_n(e)$ 都有极限 $X(e)$.

几乎处处收敛的情况也称作依概率 1 收敛，这是一个比较强的收敛，但许多随机序列不能满足这种条件，所以考虑另外两种收敛.

定义 7.2 $X_n, n = 1, 2, \cdots$ 及 X 都是样本空间 Ω 上的随机变量，若对任意的 $\varepsilon > 0$ 有

$$\lim_{n \to \infty} P\left(|X_n - X| > \varepsilon\right) = 0 , \tag{7-3}$$

则称 $X_n, n = 1, 2, \cdots$ 依概率收敛于 X，记

$$\lim_{n \to \infty} X_n \xrightarrow{\quad p \quad} X. \tag{7-4}$$

上述定义的含义是对任意小的 $\varepsilon > 0, \sigma > 0$，存在 $N > 0$，使得对任意 $n > N$ 有

$$P\left(|X_n - X| > \varepsilon\right) < \delta . \tag{7-5}$$

也就是说 X_n 与 X 的发生大偏差 $|X_n - X| > \varepsilon$ 是小概率事件，基本可以认为 X_n 与 X 的偏差不超过 ε. 这种收敛比几乎处处收敛弱一些，但根据统计的小概率原理，这种收敛可以满足实际应用中对收敛的要求.

判断依概率收敛需要验证：

$$\lim_{n\to\infty}P\big(|X_n-X|>\varepsilon\big)=0 \ .$$

但计算这个概率往往并不容易，为此我们所以引入均方收敛.

定义 7.3 $X_n,n=1,2,\cdots$ 及 X 都是样本空间上 Ω 的随机变量，若

$$\lim_{n\to\infty}E|X_n-X|^2=0 \ , \tag{7-6}$$

则称 $X_n,n=1,2,\cdots$ 均方收敛于 X，记为

$$\lim_{n\to\infty}X_n\xrightarrow{m.s}X, \tag{7-7}$$

也记为

$$\mathop{\mathrm{l.i.m}}_{n\to\infty}X_n=X \ . \tag{7-8}$$

m.s 是 mean square（均方）的缩写. l.i.m 是 limit in mean（平均极限）的缩写.

均方收敛是指 X_n 与 X 的平均距离 $E\big(|X_n-X|^2\big)$ 接近于 0.

均方收敛是基于数字特征来判别的一种收敛，判别相对容易. 而根据下面的定理，均方收敛的序列一定是依概率收敛的.

定理 7.1   若 $\lim_{n\to\infty}X_n\xrightarrow{m.s}X$，则必有 $\lim_{n\to\infty}X_n\xrightarrow{p}X$.

证明   根据第 1 章（1-41）式，即契比雪夫不等式：

$$P\big(|X_n-X|>\varepsilon\big)\leqslant\frac{E|X_n-X|^2}{\varepsilon^2} \ ,$$

所以

$$\lim_{n\to\infty}E|X_n-X|^2=0 \ \text{时，}$$

有

$$\lim_{n\to\infty}P\big(|X_n-X|>\varepsilon\big)=0 \ . \hspace{3cm}\text{证毕.}$$

本章以下所讨论的随机过程的极限，都指均方收敛.

定理 7.2   均方极限具有唯一性（概率 1 意义下）.

证明   设 $\mathop{\mathrm{l.i.m}}_{n\to\infty}X_n=X$，$\mathop{\mathrm{l.i.m}}_{n\to\infty}X_n=Y$ ，则

$$E\big(|X-Y|^2\big)=E\big(|X-X_n+X_n-Y|^2\big)\leqslant 2E\big(|X-X_n|^2\big)+2E\big(|X_n-Y|^2\big),$$

上式令 $n\to+\infty$ ，右边趋于 0，所以 $E\big(|X-Y|^2\big)=0$.

从而 $D(X-Y)=0$， $E(X-Y)=0$.

根据第 1 章 §1.4 方差的性质 4 知：

$X-Y=0$ 依概率 1 成立，

即

$X=Y$ 依概率 1 成立. \hspace{3cm}证毕.

定理 7.3（均方收敛准则Ⅰ）   随机变量序列 $X_n,n=1,2,...$ 均方收敛的充分必要条件是

$$\mathop{\lim}_{\substack{m\to\infty\\n\to\infty}}E\big(|X_n-X_m|^2\big)=0 \ . \tag{7-9}$$

（证明略）

均方收敛的判别准则 I 也称作柯西判别准则，用这个准则，不需要知道收敛的目标随机变量 X，就可以判别均方极限的存在性.

定理 7.4 均方收敛序列有如下性质。

（1）对随机变量 X 有

$$\underset{n\to\infty}{\text{l.i.m}}\, X = X\ ;$$

（2）若 c 和 $c_n, n = 1, 2, \ldots$ 都是常数且 $\lim\limits_{n\to\infty} c_n = c$ 则有

$$\underset{n\to\infty}{\text{l.i.m}}\, c_n = c\ ;$$

（3）若 $\underset{n\to\infty}{\text{l.i.m}}\, X_n = X$，$\underset{n\to\infty}{\text{l.i.m}}\, Y_n = Y$，则有

$$\underset{n\to\infty}{\text{l.i.m}}\,(a X_n + b Y_n) = aX + bY.$$

证明 （1）、（2）直接用均方收敛定义即可证明.

（3）的证明： 因为 $\underset{n\to\infty}{\text{l.i.m}}\, X_n = X$，$\underset{n\to\infty}{\text{l.i.m}}\, Y_n = Y$，

所以

$$\lim_{n\to\infty} E\left(|X_n - X|^2\right) = 0\ ,\quad \lim_{n\to\infty} E\left(|Y_n - Y|^2\right) = 0\ ,$$

$$
\begin{aligned}
E\left[\left|(a X_n + b Y_n) - (aX + bY)\right|^2\right] &= E\left[\left|a(X_n - X) + b(Y_n - Y)\right|^2\right] \\
&\leq 2a^2 E\left[\left|(X_n - X)\right|^2\right] + 2b^2 E\left[\left|(Y_n - Y)\right|^2\right] \\
&\to 0\, (n \to \infty)\ .
\end{aligned}
$$

证毕.

定理 7.5 均方收敛序列的数学期望有如下性质.

若 $\underset{n\to\infty}{\text{l.i.m}}\, X_n = X$，$\underset{n\to\infty}{\text{l.i.m}}\, Y_n = Y$，则

$$\lim_{\substack{m\to\infty \\ n\to\infty}} E\left(X_m \overline{Y_n}\right) = E\left(X\overline{Y}\right)\ ,\tag{7-10}$$

又可以写为

$$\lim_{\substack{m\to\infty \\ n\to\infty}} E\left(X_m \overline{Y_n}\right) = E\left(\underset{m\to\infty}{\text{l.i.m}}\, X_m\ \underset{n\to\infty}{\text{l.i.m}}\, \overline{Y_n}\right)\ .\tag{7-11}$$

证明 因为 $\lim\limits_{n\to\infty} E\left(|X_n - X|^2\right) = 0$ ，$\lim\limits_{n\to\infty} E\left(|Y_n - Y|^2\right) = 0$ ，所以

$$
\begin{aligned}
\left|E\left(X_m \overline{Y_n}\right) - E(X\overline{Y})\right| &= \left|E\left(X_m \overline{Y_n} - X\overline{Y}\right)\right| \\
&= \left|E[(X_m - X + X)(\overline{Y_n} - \overline{Y} + \overline{Y}) - X\overline{Y}]\right| \\
&= \left|E[(X_m - X)(\overline{Y_n} - \overline{Y}) - (X_m - X)\overline{Y} - X(\overline{Y_n} - \overline{Y})]\right| \\
&\leq E\left[\left|(X_m - X)(\overline{Y_n} - \overline{Y})\right|\right] + E\left[\left|(X_m - X)\overline{Y}\right|\right] + E\left[\left|(\overline{Y_n} - \overline{Y})X\right|\right] \\
&\leq \sqrt{E\left[\left|(X_m - X)\right|^2\right] E\left[\left|(\overline{Y_n} - \overline{Y})\right|^2\right]} + \sqrt{E\left[\left|(X_m - X)\right|^2\right] E\left(\left|\overline{Y}\right|^2\right)} + \\
&\quad \sqrt{E\left(|X|^2\right) E\left[\left|(\overline{Y_n} - \overline{Y})\right|^2\right]}.
\end{aligned}
$$

上式最后一步利用了第 1 章的（1-40）式，即柯西－施瓦茨不等式.

令 $n \to \infty, m \to \infty$ ，上式最后一式子趋于 0.

所以 $\lim\limits_{\substack{m \to \infty \\ n \to \infty}}\left[\left|E\left(X_m \overline{Y_n}\right) - E\left(X\overline{Y}\right)\right|\right] = 0$ ，（7-10）式成立.

特别地，在定理 7.5 中取 $Y_n \equiv 1$ ，以及取 $Y_n \equiv X_n$ 且 $m = n$ 时即可得到如下推论.

推论 1　若 $\operatorname*{l.i.m}\limits_{n \to \infty} X_n = X$ 则

$$\lim_{n \to \infty} E\left(X_n\right) = E\left(X\right) = E\left(\operatorname*{l.i.m}_{n \to \infty} X_n\right). \tag{7-12}$$

推论 2　若 $\operatorname*{l.i.m}\limits_{n \to \infty} X_n = X$ 则

$$\lim_{n \to \infty} E\left(\left|X_n\right|^2\right) = E\left(\left|X\right|^2\right) = E\left(\left|\operatorname*{l.i.m}_{n \to \infty} X_n\right|^2\right), \tag{7-13}$$

从而有

$$\lim_{n \to \infty} D\left(X_n\right) = D\left(X\right) = D\left(\operatorname*{l.i.m}_{n \to \infty} X_n\right). \tag{7-14}$$

根据定理 7.5 以及推论可得出如下结论.

（1）序列均方收敛时，求期望和求极限可以交换次序.（注意：对期望求极限时是普通数列的极限，对随机序列求极限时是均方极限）

（2）若序列 X_n 均方收敛于 X 时，则 X_n 的数字特征相应收敛于 X 的数字特征.（期望，二阶矩、方差、相关函数）

定理 7.6（均方收敛准则Ⅱ）　随机变量序列 $X_n, n = 1, 2, \dots$ 均方收敛的充分必要条件是

$$\lim_{m,n \to \infty} E\left(X_n \overline{X_m}\right) \tag{7-15}$$

存在.

证明　先证必要性：

若 $\operatorname*{l.i.m}\limits_{n \to \infty} X_n = X$ ，则定理 7.5 中，特别取 $Y_n \equiv X_n$ ，有

$$\lim_{m,n \to \infty} E\left(X_n \overline{X_m}\right) = E\left(X\overline{X}\right) = c.$$

再证充分性：若

$$\lim_{m,n \to \infty} E\left(X_n \overline{X_m}\right) = c \text{ ，则}$$

$$\begin{aligned} E\left|X_m - X_n\right|^2 &= E\left[\left(X_m - X_n\right)\left(\overline{X_m} - \overline{X_n}\right)\right] \\ &= E\left(X_m \overline{X_m}\right) - E\left(X_m \overline{X_n}\right) - E\left(X_n \overline{X_m}\right) + E\left(X_n \overline{X_n}\right) \\ &\xrightarrow[n, m \to \infty]{} c - c - c + c = 0. \end{aligned}$$

由柯西均方收敛准则知 $X_n, n = 1, 2, \dots$ 均方收敛.　　　　　　　　　**证毕.**

均方收敛的判别准则Ⅱ也称作均方收敛的洛易夫判别准则，它表明：

$X_n, n = 1, 2, \dots$ 均方收敛等价于其相关函数 $E\left(X_n \overline{X_m}\right)$（ $m \to \infty, n \to \infty$ ）收敛.

均方收敛的洛易夫判别准则是判别均方收敛的常用的方法. 依据此准则，我们把随机序列均方极限的讨论推广到时间连续的随机过程 $\{X(t), t \in T\}$.

定义 7.4　连续时间的随机过程 $\{X(t), t \in T\}$ 及 X 都是样本空间上 Ω 的随机变量，若

$$\lim_{t \to t_0} E\left(\left|X(t) - X\right|^2\right) = 0 , \tag{7-16}$$

则称 $t \to t_0$ 时，$X(t)$ 均方收敛于 X，记

$$\lim_{t \to t_0} X(t) \ \underline{\text{m.s}} \ X , \tag{7-17}$$

也记为

$$\mathop{\text{l.i.m}}_{t \to t_0} X(t) = X . \tag{7-18}$$

定理 7.7（连续时间随机过程的洛易夫均方收敛准则）　随机过程 $\{X(t), t \in T\}$ 在 t_0 点 $(t_0 \in T)$ 均方收敛的充分必要条件是

$$\mathop{\text{l.i.m}}_{\substack{s \to t_0 \\ t \to t_0}} E\left[X(s)\overline{X(t)}\right] \tag{7-19}$$

存在，即 $\lim\limits_{t \to t_0} X(t)$ 存在的充要条件是相关函数 $R(s,t)$ 在 (t_0, t_0) 极限存在.

均方极限 $\mathop{\text{l.i.m}}\limits_{t \to t_0} X(t)$ 同样具有线性性质、求期望与求极限可交换次序等性质，这里不一一列举.

在此基础上，我们讨论二阶矩过程 $\{X(t), t \in T\}$ 的均方连续、均方导数和均方积分.

§7.2　均方连续

定义 7.5　随机过程 $\{X(t), t \in T\}$，若对 $t_0, t_0 + h \in T$,

有　$$\mathop{\text{l.i.m}}_{h \to 0} X(t_0 + h) = X(t_0) \tag{7-20}$$

或　$$\lim_{h \to 0} E\left[\left|X(t_0 + h) - X(t_0)\right|^2\right] = 0 , \tag{7-21}$$

称 $\{X(t), t \in T\}$ 在 t_0 点均方连续.

若 $\{X(t), t \in T\}$ 在 T 中一切点 t 均方连续，称 $X(t)$ 为均方连续过程.

定理 7.8（均方连续准则）　$\{X(t), t \in T\}$ 在 $t_0 \in T$ 处均方连续的充要条件是自相关函数 $R(s,t)$ 在 (t_0, t_0) 处连续.

证明　先证必要性：

若 $\{X(t), t \in T\}$ 在 $t_0 \in T$ 处均方连续，即 $\mathop{\text{l.i.m}}\limits_{u \to t_0} X(u) = X(t_0)$，则

$$\begin{aligned}
\lim_{\substack{s \to t_0 \\ t \to t_0}} R(s,t) &= \lim_{\substack{s \to t_0 \\ t \to t_0}} E\left[X(s)\overline{X(t)}\right] \\
&= E\left[\mathop{\text{l.i.m}}_{s \to t_0} X(s) \mathop{\text{l.i.m}}_{t \to t_0} \overline{X(t)}\right] \quad （求期望和求极限交换次序）\\
&= E\left[X(t_0)\overline{X(t_0)}\right] \\
&= R(t_0, t_0) .
\end{aligned}$$

即 $R(s,t)$ 在 (t_0, t_0) 处连续.

再证充分性:

若 $R(s,t)$ 在 (t_0,t_0) 处连续,则

$$E\left[\left|X(t_0+h)-X(t_0)\right|^2\right]=E\left[X(t_0+h)-X(t_0)\right]\left[\overline{X(t_0+h)}-\overline{X(t_0)}\right]$$

$$=R(t_0+h,t_0+h)-R(t_0+h,t_0)-R(t_0,t_0+h)+R(t_0,t_0)$$

$$\xrightarrow{h\to 0} R(t_0,t_0)-R(t_0,t_0)-R(t_0,t_0)+R(t_0,t_0)=0 .$$

所以 $\{X(t),t\in T\}$ 在 $t_0\in T$ 处均方连续. 　　　　　　　　　　　　证毕.

定理 7.9　若对任意 $t\in T$, $R(s,t)$ 在点 (t,t) 处连续,则它在 $T\times T$ 上连续.

证明　若 $R(s,t)$ 在任意点 (t,t) 处连续,则 $\{X(t),t\in T\}$ 在 T 处任意点处均方连续,即对 $s,t\in T$,

$$\underset{t_1\to s}{\text{l.i.m}}X(t_1)=X(s),\quad \underset{t_2\to t}{\text{l.i.m}}X(t_2)=X(t),$$

有

$$\lim_{\substack{t_1\to s\\t_2\to t}}R(t_1,t_2)=\lim_{\substack{t_1\to s\\t_2\to t}}E\left[X(t_1)\overline{X(t_2)}\right]$$

$$=E\left[\underset{t_1\to s}{\text{l.i.m}}X(t_1)\underset{t_2\to t}{\text{l.i.m}}\overline{X(t_2)}\right]（求期望和求极限交换次序）$$

$$=E\left[X(s)\overline{X(t)}\right]$$

$$=R(s,t) .$$

即 $R(s,t)$ 在 $T\times T$ 上连续. 　　　　　　　　　　　　　　　　　证毕.

例 7.1　证明参数为 λ 的 $\{N(t),t\geq 0\}$ 泊松过程是均方连续过程.

证明　自相关函数为 $R_N(s,t)=\lambda\min(s,t)+\lambda^2 st$,利用高等数学知识容易证明: $R_N(s,t)=\lambda\min(s,t)+\lambda^2 st$ 在任意 (t,t) 点连续,所以 $\{N(t),t\geq 0\}$ 是均方连续过程.

　　　　　　　　　　　　　　　　　　　　　　　　　　　　　　　证毕.

注意到,泊松过程的每一个样本函数都不是处处连续的.所以过程的均方连续性不能保证每一个样本函数是处处连续的.

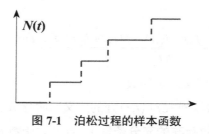

图 7-1　泊松过程的样本函数

§7.3　均方导数

定义 7.6　随机过程 $\{X(t),t\in T\}$,若对 $t_0,t_0+h\in T$,均方极限

$$\underset{h \to 0}{\text{l.i.m}} \frac{X(t_0 + h) - X(t_0)}{h}$$

存在,则称 $X(t)$ 在 t_0 点是均方可导(可微)的,并称此极限为 $X(t)$ 在 t_0 点的均方导数,记为

$X'(t_0)$ 或 $\left. \dfrac{\mathrm{d}X(t)}{\mathrm{d}t} \right|_{t=t_0}$,即

$$X'(t_0) = \underset{h \to 0}{\text{l.i.m}} \frac{X(t_0 + h) - X(t_0)}{h} . \tag{7-22}$$

若 $X'(t)$ 在 T 上任意点 t 处均方可导,则称 $X(t)$ 是均方可导过程,均方导数记为 $X'(t)$ 或

$\dfrac{\mathrm{d}X(t)}{\mathrm{d}t}$.

$X'(t)$ 是一个新的随机过程.

定理 7.10(均方可微准则) 随机过程 $\{X(t), t \in T\}$ 在 $t \in T$ 处均方可微的充要条件是极限

$$\lim_{\substack{h_1 \to 0 \\ h_2 \to 0}} \frac{R_X(t+h_1, t+h_2) - R_X(t+h_1, t) - R_X(t, t+h_2) + R_X(t,t)}{h_1 h_2} \tag{7-23}$$

存在.

证明 根据定理 7.7(洛易夫均方收敛准则)

$$\underset{h \to 0}{\text{l.i.m}} \frac{X(t+h) - X(t)}{h}$$

存在的充要条件是

$$\lim_{\substack{h_1 \to 0 \\ h_2 \to 0}} E \frac{X(t+h_1) - X(t)}{h_1} \cdot \frac{\overline{X(t+h_2)} - \overline{X(t)}}{h_2}$$

存在,即

$$\lim_{\substack{h_1 \to 0 \\ h_2 \to 0}} \frac{R_X(t+h_1, t+h_2) - R_X(t+h_1, t) - R_X(t, t+h_2) + R_X(t,t)}{h_1 h_2}$$

存在.

证毕.

定义 7.7 称

$$\lim_{\substack{h_1 \to 0 \\ h_2 \to 0}} \frac{f(s+h_1, t+h_2) - f(s+h_1, t) - f(s, t+h_2) + f(s,t)}{h_1 h_2} \tag{7-24}$$

为二元函数 $f(s,t)$ 在 (s,t) 的广义二阶导数.

所以,公式(7-23)就是 $R(s,t)$ 在点 (t,t) 处的广义二阶导数.

定理 7.11(广义二阶导数存在的充分条件) 若二元函数 $f(s,t)$ 在 (s,t) 有连续的二阶混合偏导,则 $f(s,t)$ 在 (s,t) 广义二阶导数存在.

证明 令 $g(s) = f(s, t+h_2) - f(s,t)$,则 $g(s+h_1) = f(s+h_1, t+h_2) - f(s+h_1, t)$.

因为 $f(s,t)$ 在 (s,t) 有连续的二阶混合偏导,所以 $g(s)$ 有连续的导数,故有微分中值定理:

$$g(s+h_1) - g(s) = g'(\zeta) h_1$$

$$= \left(f_1'(\zeta,t+h_2) - f_1'(\zeta,t) \right) h_1 \,,\ \zeta \in (s,s+h_1) \,. \tag{7-25}$$

对式（7-25）再次使用微分中值定理得：

$$g(s+h_1) - g(s) = f_{12}''(\zeta,\eta) h_1 h_2 \,,\ \eta \in (t,t+h_2) \,.$$

$f(s,t)$ 在 (s,t) 广义二阶导数：

$$\lim_{\substack{h_1 \to 0 \\ h_2 \to 0}} \frac{f(s+h_1,t+h_2) - f(s+h_1,t) - f(s,t+h_2) + f(s,t)}{h_1 h_2}$$

$$= \lim_{\substack{h_1 \to 0 \\ h_2 \to 0}} \frac{g(s+h_1) - g(s)}{h_1 h_2}$$

$$= \lim_{\substack{h_1 \to 0 \\ h_2 \to 0}} \frac{f_{12}''(\zeta,\eta) h_1 h_2}{h_1 h_2} \qquad \zeta \in (s,s+h_1) \,,\ \eta \in (t,t+h_2)$$

$$= f_{12}''(s,t) \,. \hspace{6cm} \text{证毕.}$$

在定理条件下可以证明：$f_{12}''(s,t) = f_{21}''(s,t)$.

推论　均方可导的充分条件：

若 $\{X(t), t \in T\}$ 的自相关函数 $R(s,t)$ 在点 (t,t) 有连续二阶混合偏导数，则 $\{X(t), t \in T\}$ 是均方可导过程.

定理 7.12　若 $\{X(t), t \in T\}$ 是均方可导过程，均值函数为 $m_X(t)$、相关函数为 $R(s,t)$ ，则 $\dfrac{\mathrm{d}m_X(t)}{\mathrm{d}t}$、$\dfrac{\partial R(s,t)}{\partial s}$、$\dfrac{\partial R(s,t)}{\partial t}$、$\dfrac{\partial^2 R(s,t)}{\partial s \partial t}$ 都存在，且有

（1）$EX'(t) = [EX(t)]' = \dfrac{\mathrm{d}m_X(t)}{\mathrm{d}t}$; \hfill (7-26)

（2）$E[X'(s)\overline{X(t)}] = \dfrac{\partial R(s,t)}{\partial s}$, \hfill (7-27)

　　$E[X(s)\overline{X'(t)}] = \dfrac{\partial R(s,t)}{\partial t}$; \hfill (7-28)

（3）$E[X'(s)\overline{X'(t)}] = \dfrac{\partial^2 R(s,t)}{\partial s \partial t}$. \hfill (7-29)

证明

（1）$E[X'(t)] = E\left[\underset{\Delta t \to 0}{\text{l.i.m}} \dfrac{X(t+\Delta t) - X(t)}{\Delta t} \right]$

$$= \lim_{\Delta t \to 0} E[\frac{X(t+\Delta t) - X(t)}{\Delta t}] \qquad （\text{极限与期望可交换次序}）$$

$$= \lim_{\Delta t \to 0} \frac{EX(t+\Delta t) - EX(t)}{\Delta t}$$

$$= \lim_{\Delta t \to 0} [\frac{m_X(t+\Delta t) - m_X(t)}{\Delta t}] = m_X'(t) \,;$$

（2）$E[X'(s)\overline{X(t)}] = E[\underset{\Delta s \to 0}{\text{l.i.m}} \dfrac{X(s+\Delta s) - X(s)}{\Delta s} \cdot \overline{X(t)}]$

$$= \lim_{\Delta s \to 0} E[\frac{X(s+\Delta s) - X(s)}{\Delta s} \cdot \overline{X(t)}]（\text{极限与期望可交换次序}）$$

$$= \lim_{\Delta s \to 0} \frac{E[X(s+\Delta s)\overline{X(t)}] - E[X(s)\overline{X(t)}]}{\Delta s}$$

$$= \lim_{\Delta s \to 0} \frac{R(s+\Delta s,t) - R(s,t)]}{\Delta t} = \frac{\partial R(s,t)}{\partial s} .$$

（3）$E[X'(s)\overline{X'(t)}] = E[\underset{\Delta s \to 0}{\text{l.i.m}} \frac{X(s+\Delta s) - X(s)}{\Delta s} \cdot \overline{X'(t)}]$

$$= \lim_{\Delta s \to 0} E[\frac{X(s+\Delta s) - X(s)}{\Delta s} \cdot \overline{X'(t)}] \quad （极限与期望可交换次序）$$

$$= \lim_{\Delta s \to 0} \frac{E[X(s+\Delta s)X'(t)] - E[X(s)X'(t)]}{\Delta s}$$

$$= \lim_{\Delta s \to 0} \frac{R'_t(s+\Delta s,t) - R'_t(s,t)}{\Delta s} \quad （根据公式（7-28））$$

$$= R^*_{ts}(s,t) . \qquad\qquad 证毕.$$

定理 7.12 表明：

1. $X(t)$ 均方可导时，求导与求期望运算可交换次序；

2. $X(t)$ 均方可导时，$X'(t)$ 的数字特征可由 $X(t)$ 的相应数字特征求导而得.

例 7.2　将均值函数为 $m_X(t) = 5\sin t$ 相关函数为 $R_X(t_1,t_2) = 3\mathrm{e}^{-0.5(t_2-t_1)^2}$ 的随机信号 $X(t)$ 输入微分电路，该电路输出信号 $Y(t) = X'(t)$，求 $Y(t)$ 的均值和自相关函数以及与 $X(t)$ 的互相关函数.

解　$EY(t) = EX'(t) = (EX(t))' = (5\sin t)' = 5\cos t$，

$$R_{YX}(t_1,t_2) = \frac{\partial R_X(t_1,t_2)}{\partial t_1} = 3(t_2-t_1)\mathrm{e}^{-0.5(t_2-t_1)^2},$$

$$R_Y(t_1,t_2) = \frac{\partial^2 R_X(t_1,t_2)}{\partial t_1 \partial t_2} = 3\mathrm{e}^{-0.5(t_2-t_1)^2}\left[1-(t_2-t_1)^2\right].$$

不加证明，给出均方导数与普通函数类似的性质（假定涉及的各函数和随机过程都可导）.

性质 1　若 $X(t)$ 在 $[a,b]$ 上均方可导，则 $X(t)$ 在 $[a,b]$ 上均方必均方连续.

性质 2　均方导数具有线性性质：

$$[aX(t) + bY(t)]' = aX'(t) + bY'(t) .$$

性质 3　$[f(t)X(t)]' = f'(t)X(t) + f(t)X'(t)$.

性质 4　若 $X'(t) = 0$，则 $X(t) = X$ 即是与指标 t 无关的随机变量.

§7.4　均方积分

定义 7.8　$\{X(t), t \in T = [a,b]\}$ 是二阶矩过程，如果对任意取的分点 $a = t_0 < t_1 < \cdots < t_n = b$，$\Delta_n = \max_{1 \le k \le n}|t_k - t_{k-1}| = \max_{1 \le k \le n}|\Delta t_k|$，及任取 $\xi_k \in [t_{k-1}, t_k], 1 \le k \le n$，均方极限

$$\underset{\Delta_n \to 0}{\text{l.i.m}} \sum_{k=1}^{n} X(\xi_k)\Delta t_k$$

都存在,称 $X(t)$ 在 $[a,b]$ 上是均方可积的,并称此极限为 $X(t)$ 在 $[a,b]$ 上的均方积分,记 $\int_a^b X(t)\mathrm{d}t$. 即:

$$\int_a^b X(t)\mathrm{d}t = \underset{\Delta_n \to 0}{\mathrm{l.i.m}} \sum_{k=1}^n X(\xi_k)\Delta t_k. \tag{7-30}$$

定理 7.13(均方可积准则)　$X(t)$ 在 $[a,b]$ 上均方可积的充分必要条件是二重积分

$$\int_a^b \int_a^b R(s,t)\mathrm{d}s\mathrm{d}t \tag{7-31}$$

存在,其中 $R(s,t)$ 是 $X(t)$ 的自相关函数.

证明　对应于 $[a,b]$ 作的任意两种划分:

$$a = s_0 < s_1 < \cdots < s_m = b \ , \ \Delta_m' = \max_{1 \le k \le m}|\Delta s_k| \ , \ \xi_k \in [s_{k-1}, s_k], 1 \le k \le m$$

及 $a = t_0 < t_1 < \cdots < t_n = b \ , \ \Delta_n = \max_{1 \le k \le n}|\Delta t_k| \ , \ \eta_k \in [t_{k-1}, t_k], \ 1 \le k \le n$.

对应的两个随机积分和式:

$$\sum_{l=1}^m X(\xi_l)\Delta s_l \ , \ \sum_{k=1}^n X(\eta_k)\Delta t_k \ .$$

$X(t)$ 在 $[a,b]$ 上均方可积的充分必要条件是均方极限

$$\underset{\Delta_n \to 0}{\mathrm{l.i.m}} \sum_{k=1}^n X(\xi_k)\Delta t_k$$

存在.

根据定理 7.7(**洛易夫均方收敛准则**)　$\underset{\Delta_n \to 0}{\mathrm{l.i.m}} \sum_{k=1}^n X(\xi_k)\Delta t_k$ 存在的充要条件是

$$\lim_{\substack{\Delta_m' \to 0 \\ \Delta_n \to 0}} E\left[\sum_{l=1}^m X(\xi_l)\Delta s_l \sum_{k=1}^n \overline{X(\eta_k)}\Delta t_k \right]$$

存在, 而

$$\lim_{\substack{\Delta_m' \to 0 \\ \Delta_n \to 0}} E\left[\sum_{l=1}^m X(\xi_l)\Delta s_l \sum_{k=1}^n \overline{X(\eta_k)}\Delta t_k \right] = \lim_{\substack{\Delta_m' \to 0 \\ \Delta_n \to 0}} \sum_{l=1}^m \sum_{k=1}^n E\left[X(\xi_l)\overline{X(\eta_k)} \right]\Delta s_l \Delta t_k$$

$$= \lim_{\substack{\Delta_1 \to 0 \\ \Delta_2 \to 0}} \sum_{l=1}^m \sum_{k=1}^n R(s_l, t_k)\Delta s_l \Delta t_k \ .$$

上式是 $\int_a^b \int_a^b R(s,t)\mathrm{d}s\mathrm{d}t$ 的积分和式极限,所以 $X(t)$ 在 $[a,b]$ 上均方可积的充分必要条件是 $\int_a^b \int_a^b R(s,t)\mathrm{d}s\mathrm{d}t$ 存在.　　　　　　　　　　　　　　　　　**证毕.**

注意: 均方积分 $\int_a^b X(t)\mathrm{d}t$ 是一个随机变量,不是随机过程.

定理 7.14　均方积分的数字特征

设 $X(t)$ 在 $[a,b]$ 上均方可积, 则

（1）$E\int_a^b X(t)\mathrm{d}t = \int_a^b EX(t)\mathrm{d}t$; $\tag{7-32}$

（2）$E\left| \int_a^b X(t)\mathrm{d}t \right|^2 = \int_a^b \int_a^b R(t_1, t_2)\mathrm{d}t_1\mathrm{d}t_2$; $\tag{7-33}$

（3）$D\int_a^b X(t)\mathrm{d}t = \int_a^b \int_a^b B(t_1,t_2)\mathrm{d}t_1\mathrm{d}t_2$. 　　　　　　　　　　　　　　（7-34）

证明 （1）根据定义 7.8

$$E\int_a^b X(t)\mathrm{d}t = E\left[\mathop{\mathrm{l.i.m}}_{\Delta\to 0}\sum_{k=1}^n X(\xi_k)\Delta t_k\right]$$

$$= \lim_{\Delta\to 0}\sum_{k=1}^n EX(\xi_k)\Delta t_k$$

$$= \int_a^b EX(t)\mathrm{d}t.$$

表明：积分与期望可交换次序！

（2）$E\left|\int_a^b X(t)\mathrm{d}t\right|^2 = E\left[\int_a^b X(t_1)\mathrm{d}t_1\overline{\int_a^b X(t_2)\mathrm{d}t_2}\right]$

$$= E\int_a^b\int_a^b X(t_1)\overline{X(t_2)}\mathrm{d}t_1\mathrm{d}t_2$$

$$= \int_a^b\int_a^b E\left[X(t_1)\overline{X(t_2)}\right]\mathrm{d}t_1\mathrm{d}t_2 \text{（积分与期望交换次序）}$$

$$= \int_a^b\int_a^b R(t_1,t_2)\mathrm{d}t_1\mathrm{d}t_2 .$$

（3）$D\int_a^b X(t)\mathrm{d}t = E\left|\int_a^b X(t)\mathrm{d}t\right|^2 - \left|E\int_a^b X(t)\mathrm{d}t\right|^2$

$$= E\left|\int_a^b X(t)\mathrm{d}t\right|^2 - \left|\int_a^b m_X(t)\mathrm{d}t\right|^2$$

$$= \int_a^b\int_a^b R(s,t)\mathrm{d}s\mathrm{d}t - \int_a^b m_X(s)\mathrm{d}s\overline{\int_a^b m_X(t)\mathrm{d}t}$$

$$= \int_a^b\int_a^b [R(s,t) - m_X(s)\overline{m_X(t)}]\mathrm{d}s\mathrm{d}t$$

$$= \int_a^b\int_a^b B(s,t)\mathrm{d}s\mathrm{d}t .$$ 　　　　　　　　　　　　　证毕.

定理 7.14 表明：

1. $X(t)$ 均方可积时，积分（均方）与求期望运算可交换次序；

2. $X(t)$ 均方可积时，$\int_a^b X(t)\mathrm{d}t$ 的数字特征可由 $X(t)$ 的数字特征积分而得.

不加证明，给出均方积分与普通积分类似的性质.

性质 1 若 $X(t)$ 在 $[a,b]$ 上均方连续，则 $X(t)$ 在 $[a,b]$ 上均方可积.

性质 2（均方积分的线性性质） 若 $X(t)$、$Y(t)$ 在 $[a,b]$ 上均方可积，则对 $\forall \alpha,\beta\in C$，有

$$\int_a^b [\alpha X(t) + \beta Y(t)]\mathrm{d}t = \alpha\int_a^b X(t)\mathrm{d}t + +\beta\int_a^b Y(t)\mathrm{d}t .$$

性质 3（关于积分区间的可加性） $X(t)$ 在 $[a,b]$ 上均方可积，则对任意 $c\in[a,b]$，有

$$\int_a^b X(t)\mathrm{d}t = \int_a^c X(t)\mathrm{d}t + \int_c^b X(t)\mathrm{d}t .$$

性质 4 $X(t)$ 在 $[a,b]$ 上均方连续，$Y(t) = \int_a^t X(t)\mathrm{d}t$，则 $Y(t)$ 在 $[a,b]$ 上均方可导，且 $Y'(t) = X(t)$，有：

$$\int_a^b X(t)\mathrm{d}t = Y(b) - Y(a) .$$

例 7.3　$X(t)$ 的均值函数为 $m_X(t) = 1 + t^2$，求 $Y(s) = \int_0^s X(t)\mathrm{d}t$ 的均值函数.

解　根据定理 7.14，求积分与求 期望可交换次序：

$$EY(s) = E\int_0^s X(t)\mathrm{d}t = \int_0^s EX(t)\mathrm{d}t = \int_0^s \left(1 + t^2\right)\mathrm{d}t = \frac{s^2}{3} + s \ .$$

例 7.4　设随机过程 $X(t)$ 的均值为零，自相关函数为 $R_X(s,t) = \sigma^2(1 + st)$，$Z = \int_0^1 X(t)\mathrm{d}t$，求 EZ, DZ.

解　$EZ = \int_0^1 E[X(t)]\mathrm{d}t = 0$ ；

$$EZ^2 = \int_0^1 \int_0^1 R_X(s,t)\mathrm{d}s\mathrm{d}t = \int_0^1 \int_0^1 \sigma^2(1 + st)\mathrm{d}s\mathrm{d}t = \frac{5}{4}\sigma^2 ,$$

$$DZ = EZ^2 - E^2Z = \frac{5}{4}\sigma^2 \ .$$

例 7.5　设随机过程 $X(t)$ 的均值为零，自相关函数为 $R_X(s,t) = \sigma^2(1 + st)$，$Z(t) = \int_0^t X(t)\mathrm{d}t$，求 $Z(t)$ 的自相关函数及方差函数.

解　
$$R_z(s,t) = E\big(Z(s)Z(t)\big) = E\left[\int_0^s X(u)\mathrm{d}u \int_0^t X(v)\mathrm{d}v\right]$$

$$= \int_0^s \int_0^t R_X(u,v)\mathrm{d}u\mathrm{d}v$$

$$= \int_0^s \int_0^t \sigma^2(1 + uv)\mathrm{d}u\mathrm{d}v$$

$$= \sigma^2\left(st + \frac{s^2 t^2}{4}\right) .$$

$$EZ(t) = \int_0^t E[X(t)]\mathrm{d}t = 0 ,$$

$$DZ(t) = EZ^2(t) - E^2Z(t) = R_z(t,t) - 0 = \sigma^2\left(t^2 + \frac{t^4}{4}\right) .$$

前面的分析看到，随机过程的连续、可导和可积性，都是可以通过过程的相关函数相应的性质来判断的.

习题 7

1. 设 $\{X_n, n \geq 1\}$ 为零均值不相关的二阶矩随机序列，$E|X_n|^2 = \sigma^2$，又 $\{a_n, n \geq 1\}$ 为复数列，试研究随机级数 $\sum_{k=1}^{\infty} a_k X_k$ 均方收敛的条件.

2. 设 $\{W(t), t \geq 0\}$ 是标准 Wiener 过程，令

$$X(t) = \int_0^t W(s)\mathrm{d}s, t \geq 0 ,$$

试求 $\{X(t), t \geq 0\}$ 的均值函数和相关函数.

我们只需要得到一个样本函数,就可以研究过程的统计性质了.

那么一个平稳过程在什么条件下才具有各态历经性呢?

定理 8.6　设 $\{X(t), -\infty < t < \infty\}$ 是均方连续的平稳过程,则它的均值具有各态历经性的充要条件为

$$\lim_{T\to\infty} \frac{1}{2T} \int_{-2T}^{2T} \left(1 - \frac{|\tau|}{2T}\right) B_X(\tau) \mathrm{d}\tau = 0. \tag{8-17}$$

证明　根据第一章 §1.4 方差的性质 4,要证 $< X(t) > = m_X$ 依概率 1 成立,等价于证:

$$E < X(t) > = m_X \quad \text{且} \quad D < X(t) > = 0.$$

由于

$$E < X(t) > = E\{\text{l·i·m}_{T\to+\infty} \frac{1}{2T} \int_{-T}^{T} X(t)\mathrm{d}t\}$$

$$= \lim_{T\to+\infty} \frac{1}{2T} \int_{-T}^{T} EX(t)\mathrm{d}t = m_X.$$

所以

$$< X(t) > = m_X$$

以概率 1 成立等价于

$$D < X(t) > = 0,$$

$$D < X(t) > = D\{\text{l·i·m}_{T\to+\infty} \frac{1}{2T} \int_{-T}^{T} X(t)\mathrm{d}t\}$$

$$= \lim_{T\to+\infty} \frac{1}{4T^2} D\{\int_{-T}^{T} X(t)\mathrm{d}t\} \quad (\text{根据}(7\text{-}14)\text{式,均方极限与方差交换次序})$$

$$= \lim_{T\to+\infty} \frac{1}{4T^2} \int_{-T}^{T}\int_{-T}^{T} B_X(t_1, t_2)\mathrm{d}t_1\mathrm{d}t_2 \quad (\text{根据定理 7.14 的}(7\text{-}34)\text{式})$$

$$= \lim_{T\to+\infty} \frac{1}{4T^2} \int_{-T}^{T}\int_{-T}^{T} B_X(t_1 - t_2)\mathrm{d}t_1\mathrm{d}t_2. \tag{8-18}$$

做变量代换 $\begin{cases} u = t_1 - t_2, \\ v = t_1 + t_2, \end{cases}$

则原来的积分域 $R: \begin{cases} |t_1| \leqslant T, \\ |t_2| \leqslant T, \end{cases}$ 　　变为新的积分域区域 $D: \begin{cases} |u + v| \leqslant 2T, \\ |v - u| \leqslant 2T. \end{cases}$

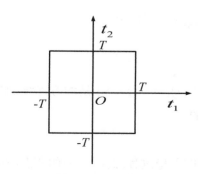

图 8-1　积分域 R

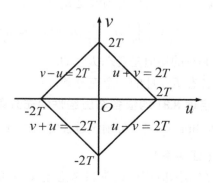

图 8-2　积分域 D

变换的雅可比行列式:

$$J = \frac{\partial(t_1, t_2)}{\partial(u, v)} = \begin{vmatrix} \dfrac{1}{2} & \dfrac{1}{2} \\ -\dfrac{1}{2} & \dfrac{1}{2} \end{vmatrix} = \frac{1}{2} .$$

对(8-16)式进行二重积分换元,得

$$\lim_{T \to +\infty} \frac{1}{4T^2} \iint_D B_X(u) \mid J \mid \mathrm{d}u\mathrm{d}v = \lim_{T \to +\infty} \frac{1}{4T^2} \int_{-2T}^{2T} \mathrm{d}u \int_{-2T+|u|}^{2T-|u|} \frac{1}{2} B_X(u)\mathrm{d}v$$

$$= \lim_{T \to +\infty} \frac{1}{8T^2} \int_{-2T}^{2T} (4T - 2\mid u \mid) B_X(u)\mathrm{d}u$$

$$= \lim_{T \to +\infty} \frac{1}{2T} \int_{-2T}^{2T} (1 - \frac{\mid u \mid}{2T}) B_X(u)\mathrm{d}u .$$

所以, $X(t)$ 的均值具有各态历经性的充要条件是:

$$\lim_{T \to +\infty} \frac{1}{2T} \int_{-2T}^{2T} (1 - \frac{\mid \tau \mid}{2T}) B_X(\tau)\mathrm{d}\tau = 0 . \qquad\qquad\text{证毕.}$$

注　对于实平稳实过程 $X(t)$,由于协方差函数和相关函数是偶函数,所以有,实平稳过程 $X(t)$ 的均值具有各态历经性的充要条件是:

$$\lim_{T \to +\infty} \frac{1}{T} \int_{0}^{2T} (1 - \frac{\tau}{2T}) B_X(\tau)\mathrm{d}\tau = 0 . \qquad\qquad (8\text{-}19)$$

定理 8.7(自相关函数各态历经定理)

设 $\{X(t), -\infty < t < \infty\}$ 是均方连续的平稳过程, $E\mid X(t)\mid^4$ 存在,则自相关函数 $R_X(\tau)$ 具有各态历经性的充要条件是:

$$\lim_{T \to +\infty} \frac{1}{2T} \int_{-2T}^{2T} (1 - \frac{\mid \tau_1 \mid}{2T})[B(\tau_1) - R_x^2(\tau)]\mathrm{d}\tau_1 = 0 .$$

其中, $B(\tau_1) = E[X(t)\overline{X(t-\tau)}\,\overline{X(t-\tau_1)}\,\overline{X(t-\tau-\tau_1)}]$.

证明　令 $Y(t) = X(t)\overline{X(t-\tau)}$,那么, $X(t)$ 的自相关函数各态历经性等价于 $Y(t)$ 均值的各态历经性,利用定理 8.6 即得. 　　　　　　　　　　　　　　　　　　　　证毕.

例 8.9　若平稳过程 $Y(t)$ 的均值为 0 相关函数是 $R_Y(\tau) = \mathrm{e}^{-2\lambda|\tau|}$, $Y(t)$ 的均值是否为各态历经的?

解　$Y(t)$ 的相关函数是 $R_Y(\tau) = \mathrm{e}^{-2\lambda|\tau|}$ 是实函数, 由定理 8.6 的注得

$$\lim_{T \to +\infty} \frac{1}{T} \int_{0}^{2T} (1 - \frac{\tau}{2T}) B_X(\tau)\mathrm{d}\tau = \lim_{T \to +\infty} \frac{1}{T} \int_{0}^{2T} (1 - \frac{\tau}{2T}) \mathrm{e}^{-2\lambda|\tau|}\mathrm{d}\tau = 0,$$

所以 $Y(t)$ 的均值是各态历经的.

各态历经性的一个充分条件:

定理 8.8(均值各态历经性的充分条件)　设 $\{X(t), -\infty < t < \infty\}$ 是均方连续的平稳过程,若 $\lim_{\tau \to +\infty} B_X(\tau) = 0$,则该过程的均值具有各态历经性.

(证明略)

在实际应用中通常只考虑定义在 $0 \leqslant t < +\infty$ 上的平稳过程. 此时上面的所有时间平均都应以 $0 \leqslant t < +\infty$ 上的时间平均来代替,即:

$$< X(t) > \overset{\text{记}}{=} \underset{T \to +\infty}{\text{l·i·m}} \frac{1}{T} \int_0^T X(t) \mathrm{d}t ,$$

$$< X(t)\overline{X(t-\tau)} > \overset{\text{记}}{=} \underset{T \to +\infty}{\text{l·i·m}} \frac{1}{T} \int_0^T X(t)\overline{X(t-\tau)} \mathrm{d}t .$$

说明

（1）各态历经定理从理论上保证了：对于平稳过程 $X(t)$，只要它满足一定的条件，就可以利用一个样本函数 $x(t)$，来确定出该过程的统计均值和统计自相关函数.

（2）实际中要去验证各态历经定理的条件是否成立是十分困难的. 但各态历经的条件比较宽，工程中碰到的大多数平稳过程都能满足，所以实际中一般认为过程是各态历经的.

习题 8

1. 设有随机过程 $\{X(t) = \xi \cos \beta t + \eta \sin \beta t, -\infty < t < +\infty\}$，其中 ξ 和 η 相互独立，都服从 $N(0, \sigma^2)$. 证明随机过程 $\{X(t), -\infty < t < +\infty\}$ 为严平稳过程.

2. 设 $\{X(t), t \in T\}, \{Y(t), t \in T\}$ 是相互独立的实平稳过程，$EX(t) = m_X, EY(t) = m_Y$，令 $Z(t) = X(t)Y(t), t \in T$，试证：$R_Z(\tau) = R_X(\tau)R_Y(\tau)$，并判断 $Z(t)$ 的平稳性.

3. 设随机过程 $X(t) = \sin(ut), u \sim U[0, 2\pi]$，

证明：（1）若 $t \in T, T = \{1, 2, \cdots\}$，则 $\{X(t), t = 1, 2, \cdots\}$ 是平稳过程；

（2）若 $t \in T, T \in (0, +\infty)$ 则 $\{X(t), t > 0\}$ 不是平稳过程.

4.（1）第 2 章中，第 1, 2, 3, 4, 5, 6, 7, 9, 10 题中的过程是否平稳过程？

（2）第 2 章中，第 8 题中的 $Y(t)$ 是否平稳过程？ 若是，是否与 $X(t)$ 为互平稳？

5. 设有随机过程 $X(t) = f(t + \theta)$，其中 $f(x)$ 是周期为 T 的实值连续函数，Θ 是 $(0, T]$ 上服从均匀分布的随机变量，证明 $X(t)$ 是平稳过程.

6. 设 $\{X(n), n \geqslant 1\}$ 为一随机过程，其中 $X(n), n = 1, 2, \cdots$ 相互独立且同分布，证明此随机过程为严平稳过程.

7. 设 $X(t) = a \sin(\omega t + \theta), Y(t) = b \sin(\omega t + \theta - \varphi), -\infty < t < +\infty$ 其中 a、b、ω、φ 为常数，θ 在 $(0, 2\pi)$ 上服从均匀分布，讨论两个平稳过程的平稳和联合平稳性.

8. 设 $\{X(t), t \in T\}$ 和 $\{Y(t), t \in T\}$ 是联合平稳的平稳过程，证明对于任意复常数 α 和 β，$\{Z(t) = \alpha X(t) + \beta Y(t), t \in T\}$ 也是平稳过程，且其相关函数为

$$R_Z(\tau) = |\alpha|^2 R_X(\tau) + \overline{\alpha}\beta R_{XY}(\tau) + \alpha\overline{\beta}R_{YX}(\tau) + |\beta|^2 R_Y(\tau) .$$

9. 已知 $\{X(t), t \in T\}$ 是均方可导的平稳过程，

$$Y(t) = X(t) + \frac{\mathrm{d}X(t)}{\mathrm{d}t}, \text{求} R_Y(\tau) .$$

10. $\{X(t), t \in [0, +\infty)\}$ 的自相关函数为 $R_X(\tau) = \mathrm{e}^{-2\lambda|\tau|}$，试讨论均值的各态历经性.

11. 设 $X(t) = a \cos(At + \theta), -\infty < t < +\infty$，其中 a 为常数，A, θ 为相互独立的随机变量，$A \sim U[-2, 2]$，$\theta \sim U[-\pi, \pi]$. 试讨论 $\{X(t), -\infty < t < +\infty\}$ 均值的各态历经性.

12. 设 ξ 是一个具有有限方差的随机变量. 对任意的 $t \in (-\infty, +\infty)$，定义 $X_t = \xi$. 问：当随

机变量 ξ 满足什么条件时,随机过程 $\{X_t, -\infty < t < +\infty\}$ 具有均值和相关函数的各态历经性?

13. 设 $X(t) = X, -\infty < t < +\infty$,其中 X 具有概率分布 $P(X = i) = \dfrac{1}{3}, i = 1, 2, 3$,试讨论 $\{X(t), -\infty < t < +\infty\}$ 的各态历经性.

14. 设 $X_t = A\cos\omega t + B\sin\omega t, -\infty < t < +\infty$,其中 A, B 为相互独立,且都服从 $N(0, \sigma^2)$ 的随机变量,ω 为常数. 试讨论 $X = \{X_t, -\infty < t < +\infty\}$ 均值的各态历经性.

15. 设平稳过程 $X(t)$ 的自相关函数 $R_X(\tau)$,$Y = \displaystyle\int_a^{a+T} X(t)\,\mathrm{d}t$,其中 $T > 0, a$ 是实数,证明 $E|Y| = \displaystyle\int_{-T}^{T} (T - |\tau|) R_X(\tau)\,\mathrm{d}t$.

第9章 平稳过程的谱分析

工程中经常会遇到各种随机信号,对随机信号在不同时刻的统计性质的研究也称时域分析.前面讨论的均值、方差和相关函数等都属于时域分析.频域分析是指对随机信号的频率结构的研究,利用域频分析可以从多种频率叠加的信号中提取有用的信号,频域分析也是对信号进行存储、传输和处理的一种重要的数学方法.频域分析主要的方法是傅立叶变换.

§9.1 平稳过程的谱密度的定义

谱密度是平稳过程的频域分析中的重要数字特征,我们先从数学的角度引入谱密度.

定义 9.1 设 $\{X(t), -\infty < t < +\infty\}$ 是均方连续平稳过程,$R_X(\tau)$ 为它的相关函数,若 $\int_{-\infty}^{+\infty} |R_X(\tau)| \, d\tau < \infty$,则称 $R_X(\tau)$ 的富利叶变换

$$s_X(\omega) = \int_{-\infty}^{+\infty} R_X(\tau) e^{-i\omega\tau} \, d\tau \tag{9-1}$$

为平稳过程 $X(t)$ 的谱密度,又称功率谱密度.

根据傅立叶变换性质我们知道,平稳过程的自相关函数 $R_X(\tau)$ 与其谱密度 $S_X(\omega)$ 之间构成一对傅立叶变换对,故有傅立叶反变换:

$$R_X(\tau) = \frac{1}{2\pi} \int_{-\infty}^{+\infty} s_X(\omega) e^{i\omega\tau} d\omega . \tag{9-2}$$

从数学上看,谱密度是相关函数的傅里叶变换,它反映了相关函数的频率结构.根据第八章定理8.1的性质(5)可知,平稳过程和其相关函数具有完全一致的周期特性,所以谱密度也反映了平稳过程的频率结构,是平稳过程的谱分析中的重要的函数.

公式(9-1)和(9-2)即为著名的维纳 - 辛钦公式,揭示了时域分析和频域分析之间的关系,在实际中可以方便的选择用时域或频域方法来研究平稳过程.

在应用中利用(9-2)式由随机过程的谱密度计算相关函数时,需要在条件 $\int_{-\infty}^{+\infty} s_X(\omega) d\omega < \infty$ 下.

例 9.1 已知平稳过程 $X(t)$ 的自相关函数 $R_X(\tau)$ 为

$$R_X(\tau) = \begin{cases} 1 - |\tau|, & |\tau| \leqslant 1, \\ 0, & \text{其他}. \end{cases}$$

试求其谱密度 $S_X(\omega)$.

解 $S_X(\omega) = \int_{-\infty}^{+\infty} R_X(\tau) e^{-i\omega\tau} d\tau = \int_{-1}^{1} (1 - |\tau|) e^{-i\omega\tau} d\tau$

$\qquad\qquad = 2\int_{0}^{1} (1 - \tau) \cos(\omega\tau) d\tau$

$\qquad\qquad = \dfrac{2(1 - \cos\omega)}{\omega^2}$

$$= \frac{4\sin^2\frac{\omega}{2}}{\omega^2}.$$

例 9.2　已知 $S_X(\omega) = s_0 e^{-c|\omega|}$，其中 s_0, c 为大于零的常数，试求 $R_X(\tau)$.

解　$R_X(\tau) = \frac{1}{2\pi}\int_{-\infty}^{+\infty} S_X(\omega)e^{i\omega\tau}d\omega = \frac{1}{2\pi}\int_{-\infty}^{+\infty} s_0 e^{-c|\omega|}e^{i\omega\tau}d\omega$

$$= \frac{s_0}{2\pi}[\int_{-\infty}^{0} e^{c\omega}e^{i\omega\tau}d\omega + \int_{0}^{+\infty} e^{-c\omega}e^{i\omega\tau}d\omega]$$

$$= \frac{s_0}{2\pi}[\int_{-\infty}^{0} e^{(c+i\tau)\omega}d\omega + \int_{0}^{+\infty} e^{-(c-i\tau)\omega}d\omega]$$

$$= \frac{s_0}{2\pi}[\frac{1}{c+i\tau} + \frac{1}{c-i\tau}]$$

$$= \frac{cs_0}{\pi(c^2+\tau^2)}.$$

例 9.3　已知平稳过程 $R_X(\tau)$ 的自相关函数为

$$R_X(\tau) = a^2 e^{-(\omega_0\tau)^2}.$$

其中, a^2 与 ω_0 均为常数，试求其谱密度 $S_X(\omega)$.

解　$S_X(\omega) = \int_{-\infty}^{+\infty} R_X(\tau)e^{-i\omega\tau}d\tau = a^2\int_{-\infty}^{+\infty} e^{-\omega_0^2\tau^2}e^{-i\omega\tau}d\tau$

$$= a^2 e^{-(\frac{\omega}{2\omega_0})^2}2\int_{0}^{+\infty} e^{-(\omega_0\tau+\frac{i\omega}{2\omega_0})^2}d\tau$$

$$= \frac{a^2\sqrt{\pi}}{\omega_0}e^{-(\frac{\omega}{2\omega_0})^2}.$$

定义 9.2　设 $\{X_n, n = 0, \pm1, \pm2, \cdots\}$ 是平稳随机序列，若相关函数满足

$$\sum_{n=-\infty}^{\infty} |R_X(n)| < \infty,$$

则称　$s_X(\omega) = \sum_{n=-\infty}^{\infty} R_X(n)e^{-in\omega}$　　　　　　　　　　　　　　（9-3）

为 $\{X_n, n = 0, \pm1, \pm2, \cdots\}$ 的谱密度.

相应的，由傅立叶变换性质知道平稳序列的自相关函数与谱密度之间构成一对傅立叶变换对，故有：

$$R_X(n) = \frac{1}{2\pi}\int_{-\pi}^{\pi} s_X(\omega)e^{in\omega}d\omega \quad (n = 0, \pm1, \pm2, \cdots). \qquad (9\text{-}4)$$

例 9.4　设 $\{X(n), n = 0, \pm1, \pm2, \cdots\}$ 为互不相关的随机变量序列，且 $EX(n) = 0, DX(n) = \sigma^2$，试求它的谱密度.

解　由相关函数定义知

$$R_X(m) = E[X(n)X(n+m)] = \begin{cases} \sigma^2, & m = 0, \\ 0, & m \neq 0. \end{cases}$$

显然有

$$\sum_{-\infty}^{+\infty} |R_X(m)| = \sigma^2 < +\infty.$$

故 $X(n)$ 的谱密度存在,且为 `

$$S_X(\omega) = \sum_{m=-\infty}^{+\infty} R_X(m)\mathrm{e}^{-im\omega} = \sigma^2 .$$

§9.2 谱密度的物理意义

我们从物理的角度来理解谱密度的意义.

假设随机过程 $X(t)$ 表示一个随机电流信号,$x(t)$ 是 $X(t)$ 的一个样本电流信号,该电流通过 1Ω 电阻时,瞬时功率为 $x^2(t)$,在 $[-T,T]$ 内单位时间内的平均功率为

$$\frac{1}{2T}\int_{-T}^{T} x^2(t)\mathrm{d}t .$$

称

$$\lim_{T\to\infty}\frac{1}{2T}\int_{-T}^{T} x^2(t)\mathrm{d}t$$

为确定电流信号 $x(t)$ 在 $(-\infty,+\infty)$ 的平均功率.

对于随机电流信号过程 $X(t)$,

$$E\left[\underset{T\to\infty}{\mathrm{l.i.m}}\frac{1}{2T}\int_{-T}^{T} X^2(t)\mathrm{d}t\right] \tag{9-5}$$

为 $X(t)$ 在 $(-\infty,+\infty)$ 的平均功率.

根据第七章随机分析的结论,数学期望与均方极限与均方积分都可交换顺序,所以:

$$E\left[\underset{T\to\infty}{\mathrm{l.i.m}}\frac{1}{2T}\int_{-T}^{T} X^2(t)\mathrm{d}t\right] = \lim_{T\to\infty} E\left[\frac{1}{2T}\int_{-T}^{T} X^2(t)\mathrm{d}t\right] \tag{9-6}$$

$$= \lim_{T\to\infty}\frac{1}{2T}\int_{-T}^{T} EX^2(t)\mathrm{d}t . \tag{9-7}$$

据此,我们给出随机过程 $X(t)$ 的平均功率的定义:

定义 9.3 $X(t)$ 是一随机过程,称

$$\psi^2 = \lim_{T\to\infty}\frac{1}{2T}\int_{-T}^{T} EX^2(t)\mathrm{d}t \tag{9-8}$$

为随机过程 $X(t)$ 的平均功率.

定理 9.1 若 $X(t)$ 是平稳随机过程,则 $R_X(0)$ 为其平均功率.

证明 若 $X(t)$ 是平稳过程,则

$$\psi^2 = \lim_{T\to\infty}\frac{1}{2T}\int_{-T}^{T} EX^2(t)\mathrm{d}t = \lim_{T\to\infty}\frac{1}{2T}\int_{-T}^{T} R_X(0)\mathrm{d}t = R_X(0) .$$

所以 $R_X(0)$ 的物理意义为平稳过程的 $X(t)$ 的平均功率.

证毕.

我们在(9-2)中令 $\tau = 0$,得到 $X(t)$ 的平均功率 $R_X(0)$ 的频域表达式:

$$R_X(0) = \frac{1}{2\pi}\int_{-\infty}^{+\infty} s_X(\omega)\mathrm{d}\omega . \tag{9-9}$$

公式(9-9)式表明,$s_X(\omega)$具有如下物理意义:

平稳过程平均功率是由随机信号中各种不同的频率成分的产生的功率累加而成,而$s_X(\omega)$描述了各种不同的频率成分对于平均功率的贡献大小.这也是$s_X(\omega)$称为平稳过程平均功率谱密度的含义.

公式(9-9)也称为随机过程$X(t)$的平均功率的谱表达式.

例 9.5 设有随机过程$X(t) = a\sin(\omega_0 t + \theta), a, \omega_0$为常数,在下列情况下,求$X(t)$的平均功率:

(1)θ是在$(0, 2\pi)$上服从均匀分布的随机变量;

(2)θ是在$(0, \pi/2)$上服从均匀分布的随机变量.

解 (1)此时随机过程$X(t)$是平稳过程,且相关函数$R_X(\tau) = \dfrac{a^2}{2}\cos(\omega_0\tau)$.于是得$X(t)$的平均功率为

$$\psi^2 = R_X(0) = \frac{a^2}{2}.$$

(2)因为

$$E[X^2(t)] = E[a^2\sin^2(\omega_0 t + \theta)]$$
$$= E[\frac{a^2}{2} - \frac{a^2}{2}\cos(2\omega_0 t + 2\theta)]$$
$$= \frac{a^2}{2} - \frac{a^2}{2}\int_0^{\frac{\pi}{2}}\cos(2\omega_0 t + 2\theta)\frac{2}{\pi}d\theta$$
$$= \frac{a^2}{2} + \frac{a^2}{\pi}\sin(2\omega_0 t),$$

故,此时$X(t)$是非平稳过程.得$X(t)$的平均功率为

$$\psi^2 = \lim_{T\to\infty}\frac{1}{2T}\int_{-T}^{T}E[X^2(t)]dt$$
$$= \lim_{T\to\infty}\frac{1}{2T}\int_{-T}^{T}[\frac{a^2}{2} + \frac{a^2}{\pi}\sin(2\omega_0 t)]dt = \frac{a^2}{2}.$$

我们还可以从另一角度分析功率密度的物理意义:

对于随机过程$X(t)$,令

$$X_T(t) = \begin{cases} X(t), & |t| \leq T, \\ 0, & |t| > T. \end{cases} \tag{9-10}$$

对$X_T(t)$作傅里叶变换

$$F_X(\omega, T) = \int_{-\infty}^{+\infty}X_T(t)e^{-i\omega t}d\omega = \int_{-T}^{T}X(t)e^{-i\omega t}d\omega \tag{9-11}$$

则$X_T(t)$与$F_X(\omega, T)$是傅立叶变换对,有帕塞瓦尔等式:

$$\int_{-\infty}^{+\infty}X^2_T(t)dt = \frac{1}{2\pi}\int_{-\infty}^{+\infty}|F_X(\omega, T)|^2 d\omega, \tag{9-12}$$

即

$$\int_{-T}^{T} X^2(t)\mathrm{d}t = \frac{1}{2\pi}\int_{-\infty}^{+\infty}|F_X(\omega,T)|^2\mathrm{d}\omega . \tag{9-13}$$

上式两边同时除以 $2T$、求数学期望并求极限后，显然左边极限就是平均功率 ψ^2，即得到平均功率的又一表达式：

$$\psi^2 = \frac{1}{2\pi}\int_{-\infty}^{+\infty}\lim_{T\to+\infty}\frac{1}{2T}E\,|F_X(\omega,T)|^2\mathrm{d}\omega . \tag{9-14}$$

我们分析该表达式（9-14）式积分中的被积函数：

$$\lim_{T\to+\infty}\frac{1}{2T}E\,|F_X(\omega,T)|^2 = = \lim_{T\to+\infty}\frac{1}{2T}E\int_{-T}^{T}X(t)\mathrm{e}^{-\mathrm{i}\omega t}\,\mathrm{d}t\int_{-T}^{T}\overline{X(s)\mathrm{e}^{-\mathrm{i}\omega s}}\mathrm{d}s$$

$$= \lim_{T\to+\infty}\frac{1}{2T}E\int_{-T}^{T}\int_{-T}^{T}X(t)\overline{X(s)}\mathrm{e}^{-\mathrm{i}\omega(t-s)}\mathrm{d}t\mathrm{d}s$$

$$= \lim_{T\to+\infty}\frac{1}{2T}\int_{-T}^{T}\int_{-T}^{T}R_X(t-s)\mathrm{e}^{-\mathrm{i}\omega(t-s)}\mathrm{d}t\mathrm{d}s .$$

令 $u = t - s, v = s + t$

和定理 8.6（均值具有各态历经性的充要条件）类似的方法得到：

$$\lim_{T\to+\infty}\frac{1}{2T}E\,|F_X(\omega,T)|^2 = \lim_{T\to+\infty}\frac{1}{2T}\iint_{D}R(u)\mathrm{e}^{-\mathrm{i}\omega u}\,|J|\,\mathrm{d}u\mathrm{d}v$$

$$= \lim_{T\to+\infty}\frac{1}{4T}\int_{-2T}^{2T}\mathrm{d}u\int_{-2T+|u|}^{2T-|u|}R_X(u)\mathrm{e}^{-\mathrm{i}\omega u}\mathrm{d}v$$

$$= \lim_{T\to+\infty}\frac{1}{4T}\int_{-2T}^{2T}(4T-2\,|u|)R_X(u)\mathrm{e}^{-\mathrm{i}\omega u}\mathrm{d}u$$

$$= \lim_{T\to+\infty}\int_{-2T}^{2T}(1-\frac{|u|}{2T})R_X(u)\mathrm{e}^{-\mathrm{i}\omega u}\mathrm{d}u$$

$$= \int_{-\infty}^{\infty}R_X(u)\mathrm{e}^{-\mathrm{i}\omega u}\mathrm{d}u$$

$$= S_X(\omega) .$$

所以，谱密度也可以定义为：

$$S_X(\omega) \overset{\Delta}{=} \lim_{T\to+\infty}\frac{1}{2T}E\,|F_X(\omega,T)|^2 . \tag{9-15}$$

§9.3　谱密度的性质

定理 9.2　设 $\{X(t),-\infty < t < +\infty\}$ 是均方连续平稳过程，$R_X(\tau)$ 为它的相关函数，$S_X(\omega)$ 为它的功率谱密度. $S_X(\omega)$ 具有下列性质：

（1）$S_X(\omega)$ 是实函数，且函数值非负；

（2）若 $X(t)$ 是实平稳过程，则 $S_X(\omega)$ 为偶函数；

（3）若 $\{X(t),t\in T\}$ 和 $\{Y(t),t\in T\}$ 为两个正交的互平稳过程（即 $R_{XY}(s,t)=0$ ，则 $\{Z(t)=X(t)+Y(t),t\in T\}$ 谱密度为两过程谱密度之和即

$$s_Z(\omega) = s_X(\omega) + s_Y(\omega) ;$$

（4）记 $X'(t) = \dfrac{\mathrm{d}X(t)}{\mathrm{d}t}$　则

$$s_{X'}(\omega) = \omega^2 s_X(\omega) .\tag{9-16}$$

证明（1）根据（9-15）式的谱密度定义即得.

（2）事实上，当 $X(t)$ 为实平稳过程时，$R_X(\tau)$ 是偶函数，故

$$
\begin{aligned}
s_X(\omega) &= \int_{-\infty}^{+\infty} R_X(\tau)\mathrm{e}^{-\mathrm{i}\omega\tau}\mathrm{d}\tau = \int_{-\infty}^{+\infty} R_X(\tau)[\cos(\omega\tau) - \mathrm{i}\sin(\omega\tau)]\mathrm{d}\tau \\
&= \int_{-\infty}^{+\infty} R_X(\tau)[\cos(\omega\tau) - \mathrm{i}\sin(\omega\tau)]\mathrm{d}\tau \\
&= 2\int_{0}^{+\infty} R_X(\tau)\cos(\omega\tau)\mathrm{d}\tau .
\end{aligned}\tag{9-17}
$$

所以 $S_X(\omega)$ 为偶函数.

（3）
$$
\begin{aligned}
R_Z(t, t-\tau) &= E\left\{\left[X(t) + Y(t)\right]\left[\overline{X(t-\tau) + Y(t-\tau)}\right]\right\} \\
&= R_X(t, t-\tau) + R_{XY}(t, t-\tau) + R_{YX}(t, t-\tau) + R_Y(t, t-\tau) \\
&= R_X(\tau) + R_Y(\tau) .
\end{aligned}
$$

所以 $\{Z(t) = X(t) + Y(t), t \in T\}$ 也是平稳过程，且

$$R_Z(\tau) = R_X(\tau) + R_Y(\tau) .$$

对上式两边同时求傅立叶变换得：

$$s_Z(\omega) = s_X(\omega) + s_Y(\omega) .\tag{9-18}$$

（4）因为 $R_{X'}(\tau) = -R_X''(\tau)$，

$$R_X(\tau) = \frac{1}{2\pi}\int_{-\infty}^{+\infty} s_X(\omega)\mathrm{e}^{\mathrm{i}\omega\tau}\mathrm{d}\omega .$$

两边同时对 τ 求二阶导数，得

$$R_X''(\tau) = -\frac{1}{2\pi}\int_{-\infty}^{+\infty} \omega^2 s_X(\omega)\mathrm{e}^{\mathrm{i}\omega\tau}\mathrm{d}\omega ,$$

即　　$$R_{X'}(\tau) = \frac{1}{2\pi}\int_{-\infty}^{+\infty} \omega^2 s_X(\omega)\mathrm{e}^{\mathrm{i}\omega\tau}\mathrm{d}\omega .$$

所以　$$s_{X'}(\omega) = \omega^2 s_X(\omega) .$$

同样还可以得到：$s_{X''}(\omega) = \omega^4 s_X(\omega) .$　　　　**证毕.**

$S_X(\omega)$ 是在整个频率轴上定义的，在工程中，由于只在正的频率范围内进行测量. 如果讨论的过程是实平稳，谱密度 $S_X(\omega)$ 是偶函数，因而可将负的频率范围内的值折算到正频率范围内，得到所谓"单边功率谱" $G_X(\omega)$，它与 $S_X(\omega)$ 有如下关系：

$$G_X(\omega) = \begin{cases} 2s_X(\omega), & \omega \geqslant 0, \\ 0, & \omega < 0. \end{cases}\tag{9-19}$$

相应地，$S_X(\omega)$ 可称为"双边谱".

§9.4　几种平稳过程

一、有理谱过程

有理谱密度过程是工程中常见的一类实平稳过程,该平稳过程的功率谱 $S_X(\omega)$ 是具有如下形式的有理函数:

$$s_X(\omega) = \frac{a_{2n}\omega^{2n} + a_{2n-2}\omega^{2n-2} + \cdots + a_0}{\omega^{2m} + b_{2m-2}\omega^{2m-2} + \cdots + b_0}. \tag{9-20}$$

其中 $a_{2n-i}, b_{2m-j}(i = 0, 2, \cdots, 2n, j = 2, 4, \cdots, 2m, m > n)$ 为常数, $a_{2n} > 0$,且分母无实根.

$S_X(\omega)$ 分母无实根,所以 $S_X(\omega)$ 在 $(-\infty, +\infty)$ 处处有定义;有理式中只有 ω 的偶次幂,所以 $S_X(\omega)$ 是偶函数; $m > n$,所以 $S_X(\omega)$ 在 $(-\infty, +\infty)$ 积分有限,傅立叶反变换存在.

计算有理谱密度过程相关函数时,需要利用傅立叶变换的性质以及留数和相关的积分应用,留数及相关的应用参考本章后面的附录.

例 9.6　设平稳过程 $\{X(t), t \in T\}$ 的谱密度为 $S_X(\omega) = \dfrac{1}{\omega^2 + 1}$,试求 $X(t)$ 的相关函数,单边谱密度与平均功率.

解　（1） $S(\omega) = \dfrac{1}{\omega^2 + 1}$ 有两个 1 阶极点: $z = \pm i$,上半平面内的极点有一个: $z = i$,所以, $\tau \geqslant 0$ 时,根据本章附录中的定理,有

$$
\begin{aligned}
R_X(\tau) &= \frac{1}{2\pi} \int_{-\infty}^{+\infty} \frac{1}{(\omega^2 + 1)} e^{i\omega\tau} d\omega \\
&= \frac{1}{2\pi} \, 2\pi i \left\{ \frac{1}{(Z^2 + 1)} e^{iZ\tau}, \text{ 在 } Z = i \text{ 处的留数} \right\} \\
&= \frac{1}{2\pi} \, 2\pi i \frac{e^{-\tau}}{2i} = \frac{e^{-\tau}}{2}.
\end{aligned}
$$

$R_X(\tau)$ 是偶函数,所以对一切 τ 有

$$R_X(\tau) = \frac{e^{-|\tau|}}{2},$$

$X(t)$ 的单边谱密度为

$$G_X(\omega) = \begin{cases} \dfrac{2}{\omega^2 + 1}, & \omega \geqslant 0, \\ 0, & \omega < 0. \end{cases}$$

平均功率为　　$R_X(0) = \dfrac{1}{2}$.

例 9.7　已知平稳随机过程的功率谱密度,求该过程的相关函数.

(1) $S_X(\omega) = \dfrac{1}{(\omega^2 + a^2)^2}$; (2) $S_X(\omega) = \dfrac{\omega^2 + 4}{\omega^4 + 10\omega^2 + 9}$.

解 （1）$S_X(\omega) = \dfrac{1}{(\omega^2 + a^2)^2} = \dfrac{1}{(\omega + a\mathrm{i})^2(\omega - a\mathrm{i})^2}$，

得极点 $z = \pm a\mathrm{i}$，其中 $z = a\mathrm{i}$ 是在上半平面的极点，是二阶极点. 所以，$\tau \geq 0$ 时，根据本章附录中的定理，有

$$
\begin{aligned}
R_X(\tau) &= \frac{1}{2\pi}\int_{-\infty}^{+\infty}\frac{1}{(\omega^2 + a^2)^2}\mathrm{e}^{\mathrm{i}\omega\tau}\mathrm{d}\omega \\
&= \frac{1}{2\pi}\cdot 2\pi\mathrm{i}\,\mathrm{Re}\,s\!\left(\frac{\mathrm{e}^{\mathrm{i}z\tau}}{(z^2 + a^2)^2}, a\mathrm{i}\right) \\
&= \frac{1}{2\pi}\cdot 2\pi\mathrm{i}\,\frac{\mathrm{d}}{\mathrm{d}z}\!\left(\frac{\mathrm{e}^{\mathrm{i}z\tau}}{(z + a\mathrm{i})^2}\right)\Bigg|_{z = a\mathrm{i}} = \frac{(1 + a\tau)}{4a^3}\mathrm{e}^{-a\tau}.
\end{aligned}
$$

由于 $R_X(\tau)$ 是偶函数，对任意的 τ，有

$$
R_X(\tau) = \frac{(1 + a|\tau|)}{4a^3}\mathrm{e}^{-a|\tau|}.
$$

（2）$S_X(\omega) = \dfrac{\omega^2 + 4}{\omega^4 + 10\omega^2 + 9} = \dfrac{3}{8(\omega^2 + 1)} + \dfrac{5}{8(\omega^2 + 9)}$.

对 $\tau > 0$，根据本章附录中的定理：

$$
\begin{aligned}
R_X(\tau) &= \frac{1}{2\pi}\int_{-\infty}^{+\infty}\left(\frac{3}{8(\omega^2 + 1)} + \frac{5}{8(\omega^2 + 9)}\right)\mathrm{e}^{\mathrm{i}\omega\tau}\mathrm{d}\omega \\
&= \frac{1}{2\pi}\cdot 2\pi\mathrm{i}\left\{\mathrm{Re}\,s\!\left[\frac{3}{8(z^2 + 1)}\mathrm{e}^{\mathrm{i}z\tau}, \mathrm{i}\right] + \mathrm{Re}\,s\!\left[\frac{5}{8(z^2 + 9)}\mathrm{e}^{\mathrm{i}z\tau}, 3\mathrm{i}\right]\right\} \\
&= \frac{1}{48}(9\mathrm{e}^{-\tau} + 5\mathrm{e}^{-3\tau}).
\end{aligned}
$$

由于 $R_X(\tau)$ 是偶函数，对任意的 τ，有

$$
R_X(\tau) = \frac{3}{16}\mathrm{e}^{-|\tau|} + \frac{5}{48}\mathrm{e}^{-3|\tau|}.
$$

二、窄带随机过程

随机过程的谱密度 $S_X(\omega)$ 在定义在 $(-\infty, +\infty)$ 的函数，频谱是可以分布在整个频谱率轴上的. 但是在实际应用中有这样的一些信号，它们的频率谱主要集中在的某个有限范围之内，而在此范围之外的信号频率分量很小，可以忽略不计. 把谱密度只分布在很窄的一段频率范围内的平稳随机过程称为窄带随机过程.

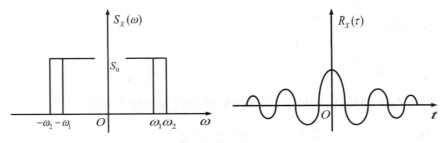

图 9-1 窄带随机过程

　　窄带随机过程谱密度 $S_X(\omega)$ 值主要集中在有限区间上,因此满足 $\int_{-\infty}^{+\infty} s_X(\omega)\mathrm{d}\omega < \infty$,所以窄带随机过程的相关函数可用(9-2)式计算.

　　例 9.8　已知窄带随机过程的谱密度为 $s_X(\omega) = \begin{cases} s_0, & \omega_1 < |s| < \omega_2, \\ 0, & \text{其他}, \end{cases}$ 求该过程的均方值及相关函数.

　　解　$X(t)$ 的均方值为

$$E[X^2(t)] = R_X(0) = \frac{1}{2\pi}\int_{-\infty}^{+\infty} s_X(\omega)\mathrm{d}\omega$$
$$= \frac{1}{\pi}\int_{\omega_1}^{\omega_2} s_0\mathrm{d}\omega = \frac{1}{\pi}s_0(\omega_2 - \omega_1).$$

相关函数为

$$R_X(\tau) = \frac{1}{2\pi}\int_{-\infty}^{+\infty} s_X(\omega)\mathrm{e}^{\mathrm{i}\omega\tau}\mathrm{d}\omega = \frac{1}{\pi}\int_{\omega_1}^{\omega_2} s_0 \cos(\omega\tau)\mathrm{d}\omega$$
$$= \frac{2s_0}{\pi\tau}\cos(\frac{\omega_1 + \omega_2}{2})\tau \sin(\frac{\omega_2 - \omega_1}{2})\tau.$$

三、白噪声过程

　　与窄带过程相反,白噪声过程是指谱密度分布在整个频率轴上,并且在各频率处谱密度的值相同的平稳过程.

　　定义 9.4　设 $\{X(t), -\infty < t < \infty\}$ 、为实值平稳过程,若它的均值为零,且谱密度在所有频率范围内为非零的常数,即 $s_X(\omega) = N_0 (-\infty < \omega < \infty)$,则称 $X(t)$ 为白噪声过程.

　　由于白光具有均匀光谱,故把上述过程称作"白"噪声.

　　由于白噪声谱密度在 $(-\infty, +\infty)$ 上不是绝对可积的 $\left(\int_{-\infty}^{+\infty} s_X(\omega)\mathrm{d}\omega = \infty\right)$,所以 $s_X(\omega)$ 在通常的意义下的傅氏反变换不存在. 为了对白噪声过程也能实现时域分析和频域分析的转换,需要引进 δ 函数、δ 函数的积分以及 δ 函数的傅氏变换概念.

　　δ 函数有多种定义方式,我们采用如下定义.

　　定义 9.5　(δ 函数)对于任一实数 $a > 0$,记

$$\delta_a(t) = \begin{cases} \dfrac{1}{2a}, & |t| \leqslant a, \\ 0, & \|t| > a. \end{cases} \tag{9-21}$$

称 $\lim\limits_{a\to 0_+} \delta_a(t)$ 为 δ 函数,记为 $\delta(t)$,即

$$\delta(t) = \lim_{a\to 0_+} \delta_a(t) . \tag{9-22}$$

　　δ 函数在 0 点是没有意义的,所以在 δ 函数包含有 0 的区间上普通意义下的积分不存在.

　　规定 δ 函数的积分:

　　定义 9.6(δ 函数的积分)　对于任一函数 $f(t)$,规定 $f(t)\delta(t)$ 在 $(-\infty, +\infty)$ 上的积分为:

$f(t)\delta_a(t)$ 在 $(-\infty,+\infty)$ 上的积分当 $a\to 0^+$ 时的极限, 即

$$\int_{-\infty}^{+\infty} f(t)\delta(t)\mathrm{d}t = \lim_{a\to 0_+}\int_{-\infty}^{+\infty} f(t)\delta_a(t)\mathrm{d}t .\qquad(9\text{-}23)$$

根据 δ 函数及 δ 函数积分的定义, 可推出 $\delta(t)$ 函数具有如下性质:

(1) $\delta(t)=\begin{cases}\infty, & |t|=0,\\ 0, & |t|\neq 0;\end{cases}$

(2)(偶函数) $\delta(t)=\delta(-t)$;

(3) $\int_{-\infty}^{+\infty}\delta(t)\mathrm{d}t=1$;

(4)(积分的筛选性质)对任意连续函数 $f(x)$, 有

$$\int_{-\infty}^{+\infty} f(t)\delta(t)\mathrm{d}t = f(0) ,\qquad(9\text{-}24)$$

$$\int_{-\infty}^{+\infty} f(t)\delta(t-T)\mathrm{d}t = f(T) .\qquad(9\text{-}25)$$

证明 (1)、(2)显然.

在(9-23)中令 $f(x)=1$ 即可证明(3).

(4)的证明: 根据(9-23)有

$$\int_{-\infty}^{+\infty} f(t)\delta(t)\mathrm{d}t = \lim_{a\to 0_+}\int_{-\infty}^{+\infty} f(t)\delta_a(t)\mathrm{d}t = \lim_{a\to 0_+}\frac{1}{2a}\int_{-a}^{a} f(t)\mathrm{d}t$$

$$= \lim_{a\to 0_+} f(\xi) \quad (\xi\in(-a,a),\text{积分中值定理})$$

$$= f(0) \quad (f(x)\text{的连续性}).$$

(9-24)式得证.

$$\int_{-\infty}^{+\infty} f(t)\delta(t-T)\mathrm{d}t \underline{\underline{\text{令} t-T=u}} \int_{-\infty}^{+\infty} f(u+T)\delta(u)\mathrm{d}u$$

$$= f(u+T)\big|_{u=0}$$

$$= f(T) .$$

(9-25)式得证. **证毕.**

利用 $\delta(t)$ 函数的积分筛选性质, 使得我们对于常数、正弦、余弦等在 $(-\infty,+\infty)$ 上绝对可积条件的函数, 也可以进行广义傅氏变换, 从而实现对于相应的信号过程的频域分析.

例 9.9 证明 $\delta(t)$ 函数与 1 是一傅氏变换对. 即

$$\int_{-\infty}^{+\infty}\delta(t)\mathrm{e}^{-\mathrm{i}\omega t}\mathrm{d}t = 1 ,\qquad(9\text{-}26)$$

$$\frac{1}{2\pi}\int_{-\infty}^{+\infty}\mathrm{e}^{\mathrm{i}\omega t}\mathrm{d}t = \delta(t).\qquad(9\text{-}27)$$

证明 在 (9-24) 中令 $f(t)=\mathrm{e}^{-\mathrm{i}\omega t}$, 可以实现对 $\delta(t)$ 求傅立叶变换, 得:

$$\int_{-\infty}^{+\infty}\delta(t)\mathrm{e}^{-\mathrm{i}\omega t}\mathrm{d}t = \mathrm{e}^{-\mathrm{i}\omega t}\big|_{t=0} = 1 .$$

类似于普通傅立叶变换的性质即有, 1 的傅立叶逆变换存在, 且为 $\delta(t)$,

$$\delta(t) = F^{-1}(1) = \frac{1}{2\pi}\int_{-\infty}^{+\infty}\mathrm{e}^{\mathrm{i}\omega t}\mathrm{d}t .$$

即 $\delta(t)$ 函数与 1 是一傅氏变换对. **证毕.**

注 1　根据（9-27）及 $\delta(t)$ 的偶函数性质，我们得到两个重要公式：

$$\int_{-\infty}^{+\infty} e^{i\omega t} d\omega = 2\pi\delta(t) , \tag{9-28}$$

$$\int_{-\infty}^{+\infty} e^{-i\omega t} d\omega = 2\pi\delta(-t) = 2\pi\delta(t) . \tag{9-29}$$

注 2　（9-28）、（9-29）式以及 $\delta(t)$ 函数的积分筛选性质（9-24）式，是广义傅立叶变换的重要公式.

例如根据（9-24），$R_X(\tau) = 1$ 时，则它的谱密度为

$$s_X(\omega) = 2\pi\delta(\omega) .$$

例 9.10　求白噪声过程的相关函数

解　$S_X(\omega) \equiv S_0$，

$$R_X(\tau) = \frac{1}{2\pi}\int_{-\infty}^{+\infty} S_X(\omega) e^{i\omega t} d\omega = \frac{S_0}{2\pi}\int_{-\infty}^{+\infty} e^{i\omega t} d\omega ,$$

$$R_X(\tau) = \frac{1}{2}(1 + \cos\omega_0\tau) .$$

注　白噪声也可定义为均值为零、自相关函数为 δ 函数的随机过程，此过程在 $t_1 \neq t_2$ 时，$X(t_1)$ 和 $X(t_2)$ 是不相关的.

例 9.11　设平稳过程 $X(t)$ 的相关函数 $R_X(\tau) = \sigma^2\cos a\tau$ 计算它的功率谱密度.

解　$$S_X(\omega) = \sigma^2\int_{-\infty}^{+\infty}\cos a\tau e^{-i\omega\tau} d\tau = \int_{-\infty}^{+\infty}\frac{\sigma^2(e^{ia\tau} + e^{-ia\tau})}{2} e^{-i\omega\tau} d\tau$$

$$= \frac{\sigma^2}{2}\int_{-\infty}^{+\infty}(e^{-i(\omega-a)\tau} + e^{-i(\omega+a)\tau}) d\tau$$

$$= \frac{\sigma^2}{2}(2\pi\delta(\omega-a) + 2\pi\delta(\omega+a)) \text{（根据（9-28）、（9-29）式）}$$

$$= \pi\sigma^2(\delta(\omega-a) + \delta(\omega+a)).$$

相应的谱密度如图所示：

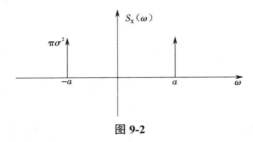

图 9-2

例 9.12　求自相关函数 $R_V(\tau) = \dfrac{a^2}{2}\cos\omega_0\tau + b^2 e^{-a|\tau|}$ 所对应的谱密度 $S_V(\omega)$.

解　所要求的谱密度为

$$S_V(\omega) = F(\frac{a^2}{2}\cos\omega_1\tau) + F(b^2 e^{-a|\tau|})$$

$$= \frac{\pi}{2}a^2[\delta(\omega-\omega_0) + \delta(\omega+\omega_0)] + \frac{2ab^2}{a^2+\omega^2}.$$

这个表达式可以看出谱密度是如何表达噪声及以外的周期信号的.

相应的谱密度如图示：

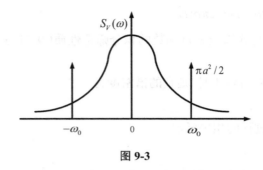

图 9-3

说明　δ 函数是一个特殊的函数，是处理如白噪声等一类信号的傅立叶变换数学引入的. 同样白噪声也是一种特殊的过程，是理想化的数学模型. 当某种噪声（或干扰）频带比较宽，且谱密度比较"平坦"，就可把它近似地当作白噪声来处理. 白噪声在数学处理上比较简单、方便.

表 9-1　常见平稳过程的谱密度和相关函数

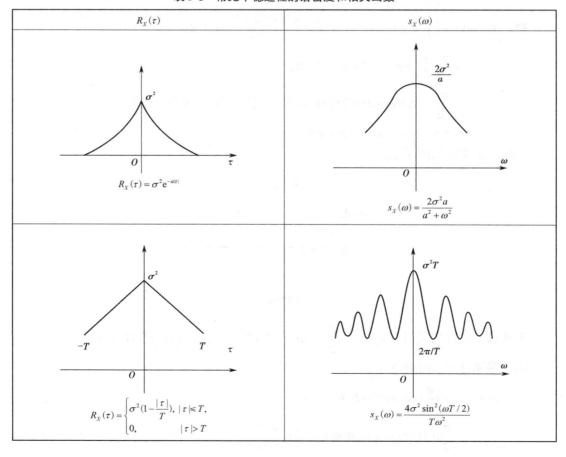

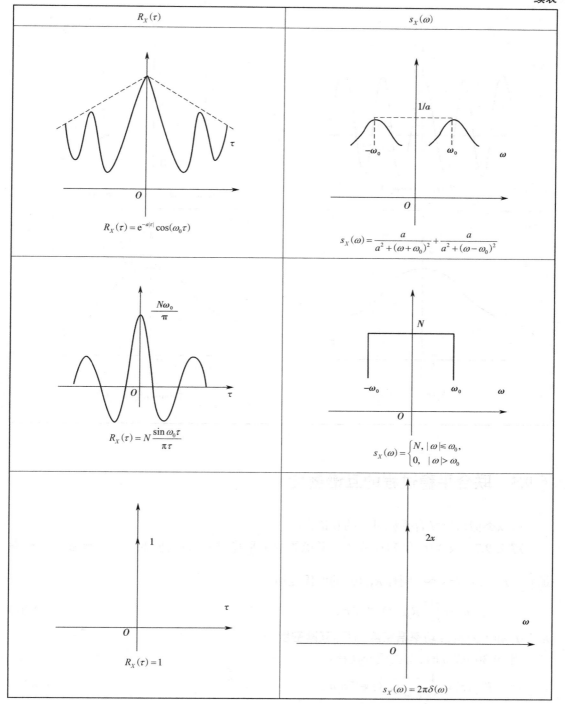

$R_X(\tau)$	$s_X(\omega)$
$R_X(\tau) = \mathrm{e}^{-a|\tau|}\cos(\omega_0\tau)$	$s_X(\omega) = \dfrac{a}{a^2+(\omega+\omega_0)^2} + \dfrac{a}{a^2+(\omega-\omega_0)^2}$
$R_X(\tau) = N\dfrac{\sin\omega_0\tau}{\pi\tau}$	$s_X(\omega) = \begin{cases} N, & |\omega| \leqslant \omega_0, \\ 0, & |\omega| > \omega_0 \end{cases}$
$R_X(\tau) = 1$	$s_X(\omega) = 2\pi\delta(\omega)$

续表

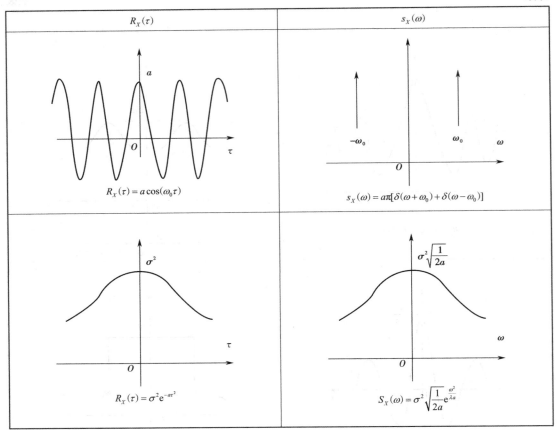

§9.5 联合平稳过程的互谱密度

可以类似讨论联合平稳过程的互谱密度.

定义 9.7 设 $X(t)$ 和 $Y(t)$ 是联合平稳的两个平稳过程,若它们的互相关函数 $R_{XY}(\tau)$ 满足 $\int_{-\infty}^{+\infty}|R_{XY}(\tau)|d\tau<\infty$,则称 $R_{XY}(\tau)$ 的傅氏变换

$$s_{XY}(\omega)=\int_{-\infty}^{+\infty}R_{XY}(\tau)e^{-i\omega\tau}d\tau . \tag{9-30}$$

是 $X(t)$ 和 $Y(t)$ 的**互功率谱密度**,简称**互谱密度**.

当(9-30)成立时,傅氏反变换存在:

$$R_{XY}(\tau)=\frac{1}{2\pi}\int_{-\infty}^{+\infty}s_{XY}(\tau)e^{i\omega\tau}d\omega . \tag{9-31}$$

即 $X(t)$ 和 $Y(t)$ 的互相关函数和互谱密度是一傅氏变换对.

注 1 互谱密度一般是复值的,不具有自谱密度的实值、非负偶函数的性质.互谱密度也没有确定的物理意义

注 2 互谱密度是研究互平稳过程的频域方法,在线性系统中的平稳过程的研究中,是很有效的工具.

互谱密度具有下列性质:

(1) $s_{XY}(\omega) = \overline{s_{YX}(\omega)}$, 即 $s_{XY}(\omega)$ 和 $s_{YX}(\omega)$ 互为共轭;

(2) $S_{XY}(\omega) = \lim\limits_{T \to +\infty} \dfrac{1}{2T} E\{F_X(\omega, T)\overline{F_Y(\omega, T)}\}$.

其中 $F_X(\omega, T) = \int_{-T}^{T} X(t)\mathrm{e}^{-\mathrm{i}\omega t}\mathrm{d}t$, $F_Y(\omega, T) = \int_{-T}^{T} Y(t)\mathrm{e}^{-\mathrm{i}\omega t}\mathrm{d}t$.

(3) 互谱不等式:

$$|s_{XY}(\omega)|^2 \leqslant s_X(\omega)s_Y(\omega)$$

(4) 若 $X(t)$ 和 $Y(t)$ 是实随机过程,则互谱密度的实部和是 ω 的偶函数,而虚部是 ω 的奇函数;

(5) 若 $X(t)$ 和 $Y(t)$ 相互正交,则 $s_{XY}(\omega) = s_{YX}(\omega) = 0$.

证明 (1) 利用互相关函数性质,得

$$\begin{aligned} s_{XY}(\omega) &= \int_{-\infty}^{+\infty} R_{XY}(\tau)\mathrm{e}^{-\mathrm{i}\omega\tau}\mathrm{d}\tau \\ &= \int_{-\infty}^{+\infty} \overline{R_{YX}(-\tau)}\mathrm{e}^{-\mathrm{i}\omega\tau}\mathrm{d}\tau \\ &= \int_{-\infty}^{+\infty} \overline{R_{YX}(\tau_1)}\mathrm{e}^{\mathrm{i}\omega\tau_1}\mathrm{d}\tau_1 \ (\tau_1 = -\tau) \\ &= \overline{\int_{-\infty}^{+\infty} R_{YX}(\tau_1)\mathrm{e}^{-\mathrm{i}\omega\tau_1}\mathrm{d}\tau_1} = \overline{s_{YX}(\omega)}. \end{aligned}$$

(2) 利用公式(9-15)类似的分析方法可得,同学们可自己推导.

(3) 根据(2)及由施瓦茨不等式:

$$\begin{aligned} |s_{XY}(\omega)|^2 &= |\lim_{T \to +\infty} \frac{1}{2T} E[F_X(\omega, T)\overline{F_Y(\omega, T)}]|^2 \\ &= \lim_{T \to +\infty} \frac{1}{4T^2} |E[F_X(\omega, T)\overline{F_Y(\omega, T)}]|^2 \\ &\leqslant \lim_{T \to +\infty} \frac{1}{4T^2} E|F_X(\omega, T)|^2 E|F_Y(\omega, T)|^2 \\ &= \lim_{T \to +\infty} \frac{1}{2T} E|F_X(\omega, T)|^2 \lim_{T \to +\infty} \frac{1}{2T} E|F_Y(\omega, T)|^2 \\ &= s_X(\omega)s_Y(\omega). \end{aligned}$$

(4) 由于

$$s_{XY}(\omega) = \int_{-\infty}^{+\infty} R_{XY}(\tau)\cos(\omega\tau)\mathrm{d}\tau - \mathrm{i}\int_{-\infty}^{+\infty} R_{XY}(\tau)\sin(\omega\tau)\mathrm{d}\tau .$$

故其实部为 ω 的偶函数,虚部为 ω 的奇函数.

(5) 由正交定义有 $R_{XY}(\tau) = 0$,再根据(9-30)式即可证得.

互谱密度没有(自)谱密度那样具有明显的物理意义,引进这个概念主要是为了能频率域上描述两个平稳过程的相关性. 在实际应用中,常常利用测定线性系统输入、输出的互谱密度来确定该系统的统计特性. 这在下一节将进一步讨论.

例 9.13　设联合平稳随机过程 $X(t)$ 与 $Y(t)$ 的互相关函数为

$$R_{XY}(\tau) = \cos(\omega_0\tau - \varphi) .$$

求 $X(t)$ 与 $Y(t)$ 的互谱密度.

解　$\begin{aligned} S_{XY}(\omega) &= \int_{-\infty}^{+\infty} \cos(\omega_0\tau - \varphi)\mathrm{e}^{-\mathrm{i}\omega\tau}\mathrm{d}\tau \\ &= \int_{-\infty}^{+\infty} \frac{1}{2}(\mathrm{e}^{\mathrm{i}(\omega_0\tau-\varphi)} + \mathrm{e}^{-\mathrm{i}(\omega_0\tau-\varphi)})\mathrm{e}^{-\mathrm{i}\omega\tau}\mathrm{d}\tau \\ &= \frac{1}{2}[\mathrm{e}^{-\mathrm{i}\varphi}\int_{-\infty}^{+\infty}\mathrm{e}^{\mathrm{i}(\omega-\omega_0)\tau}\mathrm{d}\tau + \mathrm{e}^{\mathrm{i}\varphi}\int_{-\infty}^{+\infty}\mathrm{e}^{-\mathrm{i}(\omega_0+\omega)\tau}\mathrm{d}\tau] \\ &= \pi[\mathrm{e}^{-\mathrm{i}\varphi}\delta(\omega-\omega_0) + \mathrm{e}^{\mathrm{i}\varphi}\delta(\omega+\omega_0)] . \end{aligned}$

例 9.14　设 $\{X(t), -\infty < t < +\infty\}$ 和 $\{Y(t), -\infty < t < +\infty\}$ 是联合平稳的平稳过程,其互谱密度为

$$S_{XY}(\omega) = \begin{cases} a + \dfrac{jb\omega}{c}, & |\omega| < c, \\ 0, & \text{其他.} \end{cases}$$

其中 $c > 0$, a 和 b 为实常数,求互相关函数 $R_{XY}(\tau)$.

解　$\begin{aligned} R_{XY}(\tau) &= \frac{1}{2\pi}\int_{-\infty}^{+\infty}\mathrm{e}^{j\omega\tau}S_{XY}(\omega)\mathrm{d}\omega \\ &= \frac{1}{2\pi}\int_{-c}^{c}\mathrm{e}^{j\omega\tau}(a + \frac{jb\omega}{c})\mathrm{d}\omega \\ &= \frac{1}{\pi c\tau^2}[(ac\tau - b)\sin c\tau + bc\tau\cos c\tau] . \end{aligned}$

例 9.15　设 $\{X(t), -\infty < t < +\infty\}$ 和 $\{Y(t), -\infty < t < +\infty\}$ 是联合平稳过程,它们的谱密度和互谱密度分别为 $S_X(\omega)$、$S_Y(\omega)$ 和 $S_{XY}(\omega)$, 求 $Z(t) = X(t) + Y(t), -\infty < t < +\infty$ 的谱密度.

解　$\begin{aligned} R_Z(t, t+\tau) &= E[\overline{Z(t)}Z(t-\tau)] = E[\overline{(X(t)+Y(t))}(X(t-\tau)+Y(t-\tau))] \\ &= R_X(\tau) + R_{XY}(\tau) + R_{YX}(\tau) + R_Y(\tau) , \end{aligned}$　　　　（9-32）

所以 $\{Z(t), -\infty < t < +\infty\}$ 是平稳过程.

对于（9-31）式两边同时求傅里叶变换得 $Z(t)$ 的自谱密度:

$$\begin{aligned} S_Z(\omega) &= S_X(\omega) + S_{XY}(\omega) + S_{YX}(\omega) + S_Y(\omega) \\ &= S_X(\omega) + S_Y(\omega) + 2\mathrm{Re}[S_{XY}(\omega)] . \end{aligned}$$

特别,若 $X(t)$ 和 $Y(t)$ 为正交过程时,有

$$R_Z(\tau) = R_X(\tau) + R_Y(\tau) \tag{9-33}$$

$$s_Z(\omega) = s_X(\omega) + s_Y(\omega). \tag{9-34}$$

§9.6　平稳过程通过线性系统的分析

在数字信号处理的理论中,人们把能加工、变换数字信号的实体称作系统.输入一个确定的信号,系统按一定的规则会产生一个输出信号.如放大器、滤波器、无源网络等都是

系统.

　　当系统对于输出规则的参数不随时间而变,且系统对于信号的输出具有可叠加性质时,我们称系统具有线性时不变的性质.

　　本节主要研究:平稳随机过程通过线性时不变系统时,输出随机过程的平稳性,以及输入与输出过程之间的统计性质.

一、线性时不变系统

　　系统是对任意一个输入的信号,按一定的规则会产生一个输出信号,所以系统其实就是一个算子,或者说一个对应法则.

　　设对系统输入 $x(t)$ 时,其输出为 $y(t)$,系统的作用为 L,则

$$y(t) = L[x(t)] \tag{9-35}$$

　　上式中"L"在数学上代表算子,它是某种运算如加法、微分、积分,也可以是微分方程的解等求解等数学运算.

　　例如:

　　算子 $L_1 : x(t) \to y(t)$,$y(t) = L_1[x(t)] = x'(t)$;

　　算子 $L_2 : x(t) \to y(t)$,　$y(t) = L_2[x(t)]$ 是如下微分方程:

$$y'(t) + 2y(t) = x(t)$$

的解.

　　定义 9.8　若算子 L 满足:对任意常数 α, β 和 $x_1(t), x_2(t)$ 有

$$L[\alpha x_1(t) + \beta x_2(t)] = \alpha L[x_1(t)] + \beta L[x_2(t)], \tag{9-36}$$

称 L 为线性算子,若一个系统的算子 L 是线性的,则称该系统为**线性系统**.

　　注:显然,线性算子满足叠加原理:

$$L\left(\sum_{m=1}^{n} a_m x_m(t)\right) = \sum_{m=1}^{n} a_m L[x_m(t)]. \tag{9-37}$$

　　例 9.16　下列算子是不是线性算子?

　　(1) $L_1[x(t)] = x'(t)$;(2) $L_2[x(t)] = x^2(t)$.

　　解　(1) $L_1[\alpha x_1(t) + \beta x_2(t)] = (\alpha x_1(t) + \beta x_2(t))' = \alpha x_1'(t) + \beta x_2'(t)$

$$= \alpha L_1[x_1(t)] + \beta L_1[x_2(t)].$$

所以 $L_1 = \dfrac{\mathrm{d}}{\mathrm{d}t}[\ ]$ 是线性算子.

　　(2) $L_2[\alpha x_1(t) + \beta x_2(t)] = (\alpha x_1(t) + \beta x_2(t))^2$

$$= \alpha^2 x_1^2(t) + \beta^2 x_2^2(t) + 2\alpha\beta x_1(t)x_2(t).$$

而

$$\alpha L_2[x_1(t)] + \beta L_2[x_2(t)] = \alpha x_1^2(t) + \beta x_2^2(t),$$

$$L_2[\alpha x_1(t) + \beta x_2(t)] \neq \alpha L_2[x_1(t)] + \beta L_2[x_2(t)].$$

所以算子 $L_2 = [\ ]^2$ 不是线性算子.

系统的参数与时间无关,或其输入与输出特性不随时间的不同而变化,这种特性称为系统的时不变性,用算子表示为:

定义 9.9 若系统的算子 L 满足:并对任 $x(t)$ 及任一时间平移 τ 都有

$$y(t+\tau) = L[x(t+\tau)] , \tag{9-38}$$

则称 L 为**时不变算子**,该系统为**时不变系统**.

例 9.17 下列算子是不是时不变算子?

（1） $L_1[x(t)] = x'(t)$;（2） $L_2[x(t)] = x^2(t)$;（3） $L[x(t)] = tx(t)$.

解 （1） $y(t) = L_1[x(t)] = x'(t)$,

$\qquad L_1[x(t+\tau)] = [x(t+\tau)]' = x'(t+\tau) = y(t+\tau)$,

微分算子 $L_1 = \dfrac{\mathrm{d}}{\mathrm{d}t}[\ ]$ 是时不变算子.

（2） $y(t) = L_2[x(t)] = x^2(t)$,

$\qquad L_2[x(t+\tau)] = x^2(t+\tau) = y(t+\tau)$.

所以算子 $L_2 = [\ ]^2$ 是时不变算子.

（3） $y(t) = L_3[x(t)] = tx(t)$,

$\qquad L_3[x(t+\tau)] = tx(t+\tau)$,

$\qquad y(t+\tau) = (t+\tau)x(t+\tau) \neq L[x(t+\tau)]$.

所以算子 $L_3 = t[\ ]$ 不是时不变算子.

注:同样可证: $L[x(t)] = x^{(n)}(t)$ 是线性时不变算子.

特别:工程中常用的微分系统:

$$a_n \frac{\mathrm{d}^n y(t)}{\mathrm{d}t^n} + a_{n-1} \frac{\mathrm{d}^{n-1} y(t)}{\mathrm{d}t^{n-1}} + \cdots + a_1 \frac{\mathrm{d}y(t)}{\mathrm{d}t} + a_0 y(t)$$
$$= b_m \frac{\mathrm{d}^m x(t)}{\mathrm{d}t^m} + b_{m-1} \frac{\mathrm{d}^{m-1} x(t)}{\mathrm{d}t^{m-1}} + \cdots + b_1 \frac{\mathrm{d}x(t)}{\mathrm{d}t} + b_0 x(t) \tag{9-39}$$

是线性时不变系统.

其中 $n > m, -\infty < t < \infty$.

二、确定的信号通过线性时不变系统

我们首先将一个特殊的时域信号——脉冲信号,输入线性时不变系统,得到系统对脉冲信号的输出,并且把线性时不变系统对脉冲信号的响应:

$$h(t) = L(\delta(t)) , \tag{9-40}$$

称为系统的脉冲响应(函数).

定理 9.3 设对线性时不变系统 L 的脉冲响应为 $h(t)$,则输入任一确定信号 $x(t)$,该系统的输出信号 $y(t)$ 为:

$$y(t) = h(t) * x(t) = \int_{-\infty}^{+\infty} h(t-\tau)x(\tau)\mathrm{d}\tau . \tag{9-41}$$

证明　$x(t) = \int_{-\infty}^{+\infty} \delta(t - \tau) x(\tau) \mathrm{d}\tau$，（$\delta(t)$ 的筛选性质）

$$y(t) = L(x(t)) = \int_{-\infty}^{+\infty} x(\tau) L(\delta(t - \tau) \mathrm{d}\tau \quad (L \text{ 的线性性})$$

$$= \int_{-\infty}^{+\infty} x(\tau) h(t - \tau) \mathrm{d}\tau \quad\quad (L \text{ 的时不变性})$$

$$= h(t) * x(t) .$$
　　　　　　　　　　　　　　　　　　　　　　　　　　　　　　　　证毕.

注　定理 9.3 表明，线性时不变系统（LTI）对于输入信号的响应，完全由系统的脉冲响应确定.

（9-41）式称为线性时不变系统输入输出关系的时域表达式.

谐波信号 $\mathrm{e}^{i\omega t}$ 是信号分析中的一个重要基本信号，我们利用（9-41）来分析系统对谐波信号的响应：

定理 9.4　设线性时不变系统 Ls 的脉冲响应为 $h(t)$，则该系统对于输入谐波信号 $\mathrm{e}^{i\omega t}$ 的输出为：

$$L(\mathrm{e}^{i\omega t}) = H(\omega) \mathrm{e}^{i\omega t} , \tag{9-42}$$

其中 $H(\omega)$ 是 $h(t)$ 的傅立叶变换：

$$H(\omega) = \int_{-\infty}^{+\infty} h(u) \mathrm{e}^{-i\omega u} \mathrm{d}u . \tag{9-43}$$

证明　$L(\mathrm{e}^{i\omega t}) = h(t) * \mathrm{e}^{i\omega t} = \int_{-\infty}^{+\infty} h(u) \mathrm{e}^{i\omega(t-u)} \mathrm{d}u$

$$= \mathrm{e}^{i\omega t} \int_{-\infty}^{+\infty} h(u) \mathrm{e}^{-i\omega u} \mathrm{d}u = \mathrm{e}^{i\omega t} H(\omega) .$$

其中 $H(\omega)$ 是 $h(t)$ 的傅立叶变换　$H(\omega) = \int_{-\infty}^{+\infty} h(u) \mathrm{e}^{-i\omega u} \mathrm{d}u$．

　　　　　　　　　　　　　　　　　　　　　　　　　　　　　　　　证毕.

　　注：（9-42）式中，令 $t = 0$，得

$$H(\omega) = L(\mathrm{e}^{i\omega t})\big|_{t=0} . \tag{9-44}$$

定义 9.10　设线性时不变系统 L 的脉冲响应为 $h(t)$，称 $h(t)$ 的傅立叶变换 $H(\omega)$ 为系统的频率响应（函数）.

（9-42）和（9-44）都可以计算频率响应 $H(\omega)$．

注 1　频率响应描述了系统对谐波信号的响应.（9-42）式可以看出，线性时不变系统中输入一谐波信号，其输出是同频率的谐波信号，但振幅和相位会有变化，频率响应表示了这个变化. $H(\omega)$ 一般是复值函数.

注 2　由于线性时不变系统的 $h(t)$ 和 $H(\omega)$ 构成傅立叶变换，（9-41）式利用 $h(t)$ 建立了系统输入和输出信号之间的时域关系，对（9-41）两边同时求傅立叶变换，则得到系统输入和输出信号之间的频域关系：

$$Y(\omega) = H(\omega) X(\omega) , \tag{9-45}$$

其中 $X(\omega)$，$Y(\omega)$ 和 $H(\omega)$ 分别为 $x(t)$，$y(t)$ 和 $h(t)$ 的傅氏变换.

在实际中，往往频域分析更为简单，频率响应函数也比脉冲响应函数更容易计算.

例 9.18　求算子 $L(x(t)) = x'(t)$ 的频率响应函数.

解法 1　利用（9-42）

$$L(\mathrm{e}^{\mathrm{i}\omega t}) = (\mathrm{e}^{\mathrm{i}\omega t})' = \mathrm{i}\omega\mathrm{e}^{\mathrm{i}\omega t} = H(\omega)\mathrm{e}^{\mathrm{i}\omega t},$$

得

$$H(\omega) = \mathrm{i}\omega.$$

解法 2　利用（9-44）

$$L(\mathrm{e}^{\mathrm{i}\omega t}) = (\mathrm{e}^{\mathrm{i}\omega t})' = \mathrm{i}\omega\mathrm{e}^{\mathrm{i}\omega t};$$

$$H(\omega) = L(\mathrm{e}^{\mathrm{i}\omega t})\big|_{t=0} = \mathrm{i}\omega.$$

三、平稳随机过程通过线性时不变系统

设线性时不变系统 L 的脉冲响应为 $h(t)$，平稳随机过程 $X(t)$ 通过该系统时，系统的响应为：

$$Y(t) = h(t) * X(t) = \int_{-\infty}^{+\infty} h(u)X(t-u)\mathrm{d}u = \int_{-\infty}^{+\infty} h(t-u)X(u)\mathrm{d}u. \tag{9-46}$$

我们可以讨论输出过程的统计性质.

定理 9.5　设线性时不变系统 L 的脉冲响应为 $h(t)$，该系统对平稳随机过程 $X(t)$ 的响应为 $Y(t)$，则

（1）$m_Y = m_X \displaystyle\int_{-\infty}^{+\infty} h(t)\mathrm{d}t$; $\tag{9-47}$

（2）$R_{YX}(\tau) = \displaystyle\int_{-\infty}^{+\infty} h(u)R_X(\tau-u)\mathrm{d}u$; $\tag{9-48}$

（3）$R_Y(\tau) = \displaystyle\int_{-\infty}^{+\infty}\int_{-\infty}^{+\infty} h(u)\overline{h(v)}R_X(\tau+v-u)\mathrm{d}u\mathrm{d}v$. $\tag{9-49}$

证明　（1）$Y(t) = h(t) * X(t) = \displaystyle\int_{-\infty}^{+\infty} h(u)X(t-u)\mathrm{d}u$,

$$EY(t) = \int_{-\infty}^{+\infty} h(u)EX(t-u)\mathrm{d}u = m_X\int_{-\infty}^{+\infty} h(u)\mathrm{d}u \text{ 为常数.}$$

（2）$R_{YX}(t, t-\tau) = E[Y(t)\cdot\overline{X(t-\tau)}]$

$$= E\Big[\int_{-\infty}^{+\infty} h(u)X(t-u)\mathrm{d}u \cdot \overline{X(t-\tau)}\Big]$$

$$= \int_{-\infty}^{+\infty} h(u)R_X(\tau-u)\mathrm{d}u = R_{YX}(\tau) . \tag{9-50}$$

（3）$R_Y(t, t-\tau) = E[Y(t)\overline{Y(t-\tau)}] = E\Big[Y(t)\int_{-\infty}^{+\infty}\overline{h(v)X(t-\tau-v)}\mathrm{d}v\Big]$

$$= \int_{-\infty}^{+\infty}\overline{h(v)}R_{YX}(\tau+v)\mathrm{d}v] \tag{9-51}$$

$$= \int_{-\infty}^{+\infty}\int_{-\infty}^{+\infty} R_X(\tau+v-u)h(u)\overline{h(v)}\mathrm{d}u\mathrm{d}v = R_Y(\tau) .$$

证毕.

根据定理 9.5 式可知：平稳过程通过线性时不变系统后，输出过程依然是平稳过程，且和输入过程是联合平稳的.

输入输出过程的统计关系还可以通过卷积来表示：

（9-48）式其实就是卷积公式：

$$R_{YX}(\tau) = R_X(\tau) * h(\tau), \tag{9-52}$$

若对(9-51)式:

$$R_Y(\tau) = \int_{-\infty}^{+\infty} \overline{h(v)} R_{YX}(\tau+v)\mathrm{d}v,$$

做变量代换, 令 $v = -t$, 得:

$$R_Y(\tau) = \int_{-\infty}^{+\infty} \overline{h(-t)} R_{YX}(\tau-t)\mathrm{d}t = R_{YX}(\tau) * \overline{h(-\tau)}$$

$$= R_X(\tau) * h(\tau) * \overline{h(-\tau)} .\qquad\qquad (9\text{-}53)$$

以上的分析说明, 输出的自相关函数可以通过两次卷积产生, 第一次是输入的自相关函数与脉冲响应的卷积, 其结果是 $Y(t)$ 与 $X(t)$ 的互相关函数; 第二次是 $R_{YX}(\tau)$ 与 $\overline{h(-\tau)}$ 的卷积, 其结果是输出的自相关函数 $R_Y(\tau)$.

以上是对通过线性时不变系统的平稳过程的时域分析. 我们也可以得到输入输出过程统计关系的频域表达式:

定理 9.6 设线性时不变系统 L 的频率响应 $H(\omega)$, 该系统对平稳随机过程 $X(t)$ 的响应为 $Y(t)$, $S_X(\omega)$、$S_Y(\omega)$ 分别是 $X(t)$、$Y(t)$ 的谱密度, $S_{YX}(\omega)$ 是 $Y(t)$ 与 $X(t)$ 的互谱密度. 则有

(1) $S_{YX}(\omega) = H(\omega) S_X(\omega)$;　　　　　　　　　　　　　　　　　　(9-54)

(2) $S_Y(\omega) = |H(\omega)|^2 S_X(\omega)$.　　　　　　　　　　　　　　　　　　(9-55)

$|H(\omega)|^2$ 称为功率增益因子.

证明: 根据由傅里叶变换的性质: 函数卷积的傅里叶变换等于各函数傅里叶变换的乘积, 对定理 9.5 中的(9-48)和(9-49)试两边同时求傅里叶变换, 得:

$$S_{YX}(\omega) = H(\omega) S_X(\omega) ;$$

及　　　$$S_Y(\omega) = S_X(\omega) \cdot \overline{H(\omega)} \cdot H(\omega)$$

$$= |H(\omega)|^2 S_X(\omega) .\qquad\qquad\qquad\qquad\qquad\qquad 证毕.$$

例 9.19 在如图所示的 RC 电路中输入白噪声电压 $X(t)$, 其相关函数为 $R_X(\tau) = N_0\delta(\tau)$. 求输出 $Y(t)$ 的相关函数和平均功率.

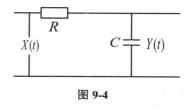

图 9-4

解 输入样本与输出样本 $x(t), y(t)$ 所满足的微分方程:

$$RCy'(t) + y(t) = x(t) .$$

现输入谐波 $x(t) = \mathrm{e}^{\mathrm{i}\omega t}$, 则

$$y(t) = H(\omega)\mathrm{e}^{\mathrm{i}\omega t} .$$

代入微分方程得:

$$(RC\mathrm{i}\omega + 1)H(\omega)\mathrm{e}^{\mathrm{i}\omega t} = \mathrm{e}^{\mathrm{i}\omega t},$$

$$H(\omega) = \frac{1}{RC\mathrm{i}\omega + 1} = \frac{\alpha}{\mathrm{i}\omega + \alpha} . \quad (\alpha = \frac{1}{RC})$$

又 $S_X(\omega) = s_0$,

$$S_Y(\omega) = |H(\omega)|^2 S_X(\omega) = N_0 |\frac{\alpha}{i\omega + \alpha}|^2 = N_0 \frac{\alpha^2}{\omega^2 + \alpha^2},$$

$$R_X(\tau) = N_0 \frac{1}{2\pi} \int_{-\infty}^{+\infty} \frac{\alpha^2}{\omega^2 + \alpha^2} e^{i\omega\tau} d\omega$$

$$= \frac{N_0}{2\pi} \cdot 2\pi i \cdot \text{Re} s[\frac{\alpha^2}{\omega^2 + \alpha^2} e^{i\omega\tau}, \alpha i]$$

$$= \frac{\alpha N_0}{2} e^{-\alpha\tau}. \qquad (\tau > 0)$$

得

$$R_X(\tau) = \frac{\alpha N_0}{2} e^{-\alpha|\tau|},$$

平均功率: $R_X(0) = \frac{\alpha N_0}{2}$.

例 9.20 某 LTI 系统的脉冲响应为 $h(t) = \begin{cases} e^{-bt}, & t \geq 0, \\ 0, & t < 0, \end{cases}$ $(b > 0)$, 输入 $X(t)$ 是自相关函数为 $R_X(\tau) = \sigma_X^2 e^{-a|\tau|}, (a > 0, a \neq b)$ 的零均值平稳高斯信号. 求输出信号 $Y(t)$ 的功率谱与自相关函数.

解 本例已知脉冲响应 和输入信号的时域信息相关函数, 但若在时域上计算输出信号的相关函数需要利用(9-53)式做两次卷积运算, 计算比较繁杂.

我们采用的频域分析方法.

$$H(\omega) = \int_{-\infty}^{+\infty} h(t) e^{-i\omega u} du = \int_0^{+\infty} e^{-bt} e^{-i\omega u} du = \frac{1}{b + j\omega},$$

$$s_X(\omega) = \int_{-\infty}^{+\infty} R_X(\tau) e^{-i\omega u} du = \int_{-\infty}^{+\infty} \sigma_X^2 e^{-a|\tau|} e^{-i\omega u} du = \frac{2a\sigma_X^2}{a^2 + \omega^2}.$$

由(9-54)式:

$$s_Y(\omega) = s_X(\omega) |H(\omega)|^2 = \frac{2a\sigma_X^2}{(a^2 + \omega^2)(b^2 + \omega^2)}.$$

因此,

$$R_Y(\tau) = F^{-1}[S_Y(\omega)] = F^{-1}[\frac{2a\sigma_X^2}{(a^2 + \omega^2)(b^2 + \omega^2)}]$$

$$= F^{-1}[\frac{2a\sigma_X^2}{b^2 - a^2}(\frac{1}{a^2 + \omega^2} - \frac{1}{b^2 + \omega^2})] = \frac{a\sigma_X^2}{b^2 - a^2}(\frac{1}{a} e^{-a|\tau|} - \frac{1}{b} e^{-b|\tau|}).$$

例 9.21 设有两个线性时不变系统如图 9-5 所示. 它们的频率响应函数分别为 $H_1(\omega)$ 和 $H_2(\omega)$. 若两个系统输入同一个均值为零的平稳过程 $X(t)$, 它们的输出分别为 $Y_1(t)$ 和 $Y_2(t)$. 问如何设计 $H_1(\omega)$ 和 $H_2(\omega)$ 才能使 $Y_1(t)$ 和 $Y_2(t)$ 互不相关.

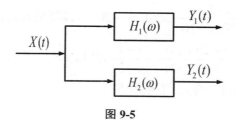

图 9-5

解　由(9-46)式：

$$Y_1(t) = \int_{-\infty}^{+\infty} h_1(u) X(t-u) \mathrm{d}u , \quad Y_2(t) = \int_{-\infty}^{+\infty} h_2(v) X(t-v) \mathrm{d}v .$$

根据定理 9.4 的(9-47)式，知：

$$E[Y_1(t)] = E[Y_2(t)] = 0 ,$$

所以

$$\mathrm{cov}(Y_1(t), Y_2(t-\tau)] = E\left[Y_1(t) \overline{Y_2(t-\tau)} \right] = E[\int_{-\infty}^{+\infty} \int_{-\infty}^{+\infty} h_1(u) \overline{h_2(v)} X(t-u) \overline{X(t-\tau-v)} \mathrm{d}u \mathrm{d}v]$$

$$= \int_{-\infty}^{+\infty} \int_{-\infty}^{+\infty} h_1(u) \overline{h_2(v)} R_X(\tau - u + v) \mathrm{d}u \mathrm{d}v = R_{Y_1 Y_2}(\tau) .$$

上式表明 $Y_1(t)$ 和 $Y_2(t)$ 的互相关函数只是时间差 τ 的函数，故为联合平稳.

由

$$s_{Y_1 Y_2}(\omega) = \int_{-\infty}^{+\infty} R_{Y_1 Y_2}(\tau) \mathrm{e}^{-\mathrm{i}\omega\tau} \mathrm{d}\tau$$

$$= \int_{-\infty}^{+\infty} [\int_{-\infty}^{+\infty} \int_{-\infty}^{+\infty} h_1(u) \overline{h_2(v)} R_X(\tau - u + v) \mathrm{d}u \mathrm{d}v] \mathrm{e}^{-\mathrm{i}\omega\tau} \mathrm{d}\tau$$

$$= \int_{-\infty}^{+\infty} h_1(u) \mathrm{e}^{-\mathrm{i}\omega u} \mathrm{d}u \int_{-\infty}^{+\infty} h_2(v) \mathrm{e}^{\mathrm{i}\omega v} \mathrm{d}v \int_{-\infty}^{+\infty} R_X(s) \mathrm{e}^{-\mathrm{i}\omega s} \mathrm{d}s$$

$$= H_1(\omega) \overline{H_2(\omega)} s_X(\omega) .$$

故当设计两个系统的频率响应函数的振幅频率特性没有重叠时，有

$$s_{Y_1 Y_2}(\omega) = 0 ,$$

从而可使 $Y_1(t)$ 和 $Y_2(t)$ 互不相关.

附录：留数及相关应用

定义 1　零点

如果解析复函数 $f(z)$ 能表示成：

$$f(z) = (z - z_0)^m \varphi(z) ,$$

其中 $\varphi(z)$ 在 z_0 解析，且 $\varphi(z_0) \neq 0$ ，则称 z_0 为 $f(z)$ 的 m 阶零点.

定义 2　极点

若 z_0 为 $f(z)$ 的 m 阶零点，则 z_0 为 $\dfrac{1}{f(z)}$ 的 m 阶极点.

例如：

① $f(x) = \dfrac{x^2 + 3}{x^2 + 4x + 4} = \dfrac{x^2 + 3}{(x+2)^2}$ ，所以 $x = -2$ 是 $f(x)$ 的 2 阶极点.

②$f(x) = \dfrac{x+5}{x^2+4} = \dfrac{x+5}{(x+2i)(x-2i)}$，所以$x = -2i, x = 2i$都是$f(x)$的 1 阶极点.

③$f(x) = \dfrac{x^2+3x+2}{x^2+4x+3} = \dfrac{(x+2)(x+1)}{(x+3)(x+1)} = \dfrac{(x+2)}{(x+3)}$，所以$x = -3$是$f(x)$的 1 阶极点.

注意：$x = -1$是$f(x)$的可去奇点，不是极点.

定义 3 留数

若z_0为$f(z)$的m阶极点，则称

$$\mathrm{Re}\,s(f(z), z_0) = \lim_{z \to z_0} \frac{1}{(m-1)!}[(z-z_0)^m f(z)]^{(m-1)}$$

为$f(z)$在z_0处的留数.

例 1 计算下列函数在各极点处的留数

$\quad$ (1) $f(x) = \dfrac{x^2+3}{x^2+4x+4}$; $\qquad$ (2) $f(x) = \dfrac{x+5}{x^2+4}$.

解 （1）$f(x) = \dfrac{x^2+3}{x^2+4x+4} = \dfrac{x^2+3}{(x+2)^2}$，$x = -2$是$f(x)$的 2 阶极点.

$$\mathrm{Re}\,s(f(x), -2) = [(x+2)^2 f(x)]'\,|_{x=-2} = (x^2+3)'\,|_{x=-2} = -4.$$

（2）$f(x) = \dfrac{x+5}{x^2+4} = \dfrac{x+5}{(x+2i)(x-2i)}$，$f(x) = \dfrac{x+5}{x^2+4} = \dfrac{x+5}{(x+2i)(x-2i)}$都是$f(x)$的 1 阶极点.

$$\mathrm{Re}\,s(f(x), -2i) = [(x+2i)f(x)]\,|_{x=-2i} = \frac{x+5}{x-2i}\,|_{x=-2i} = \frac{-2i+5}{-4i} = \frac{1}{2} + \frac{5}{4}i.$$

$$\mathrm{Re}\,s(f(x), 2i) = [(x-2i)f(x)]\,|_{x=2i} = \frac{x+5}{x+2i}\,|_{x=2i} = \frac{2i+5}{4i} = \frac{1}{2} - \frac{5}{4}i.$$

定理 1（留数定理在积分计算的一个应用） $s(x)$为有理式，分母在实轴上没有零点；分母比分子高一次或以上，则$\tau > 0$时，有：

$$\int_{-\infty}^{+\infty} s(x)e^{i\tau x}\mathrm{d}x = 2\pi i \sum_k \mathrm{Re}\,s[s(z)e^{i\tau z}, z_k].$$

其中，z_k是$s(z)$在上半平面内的极点，$\mathrm{Re}\,s[s(z)e^{i\tau z}, z_k]$是函数$s(z)e^{i\tau z}$在$z_k$处的留数.

习题 9

1. 下列函数中那些是平稳过程密度的正确表达式，为什么？若是谱密度正确正确表达式，求其相应的相关函数和平均功率.

（1）$S_X(\omega) = \dfrac{\omega^2 - 2}{\omega^2 + 8}$；（2）$S_X(\omega) = \dfrac{1}{\omega^2 + 3\omega + 2}$.

（3）$S_X(\omega) = \dfrac{1}{\omega^4 + 10\omega^2 + 25}$；（4）$S_X(\omega) = \dfrac{\omega^2 + 3i}{\omega^4 + 10\omega^2 + 25}$；

（5）$S_X(\omega) = \dfrac{\omega^2}{\omega^4 + 3\omega^2 + 2}$.

2. 设有随机过程$X(t) = a\cos(\omega_0 t + \theta)$，$a, \omega_0$为常数，在下列情况下，求$X(t)$的平均功率：

（1）θ 是在 $(0,2\pi)$ 上服从均匀分布的随机变量；

（2）θ 是在 $(0,\pi/2)$ 上服从均匀分布的随机变量.

3. 已知平稳过程的相关函数为 $R_X(\tau)=\mathrm{e}^{-a|\tau|}\cos(\omega_0\tau)$，其中 $a>0$，ω_0 为常数,求谱密度 $s_X(\omega)$.

4. 已知平稳过程的相关函数为

$$R_X(\tau)=5+4\mathrm{e}^{-3|\tau|}\cos^2 2\tau,$$

求谱密度 $S_X(\omega)$.

5. 设平稳过程的功率谱密度为 $S_X(\omega)=\dfrac{2\omega^2+2}{\omega^2+25}$,求相应的相关函数.

6. 已知随机过程的自相关函数

$$R_X(\tau)=\frac{1}{2}(1+\cos\omega_0\tau),$$

试求功率谱密度.

7. $\xi(t)$ 与 $\eta(t)$ 是均为零均值且互不相关的平稳过程,其自相关函数为 $R_\xi(\tau)=R_\eta(\tau)=\mathrm{e}^{-\beta|\tau|}$，$X(t)=\xi(t)\cos\omega_0 t+\eta(t)\sin\omega_0 t$. 求 $\{X(t),-\infty<t<+\infty\}$ 的功率谱密度函数.

8. 设平稳过程 $\{X(t),-\infty<t<+\infty\}$ 的谱密度为 $S_X(\omega)$,对常数 $a>0$,令

$$Y(t)=X(t+a)-X(t).$$

证明：$\{Y(t),-\infty<t<+\infty\}$ 是平稳过程,并计算其谱密度.

9. 设随机过程 $Y(t)$ 是由一个各态历经的白噪声过程 $X(t)$ 延迟时间 T 后产生的. 若 $X(t)$ 和 $Y(t)$ 的谱密度为 s_0,求互相关函数 $R_{XY}(\tau)$ 和 $R_{YX}(\tau)$ 及互谱密度 $s_{XY}(\omega)$ 和 $s_{YX}(\omega)$.

10. 设线性时不变系统输入一个均值为零的实平稳过程 $\{X(t),t\geqslant 0\}$,其相关函数为 $R_X(\tau)=\delta(\tau)$. 若系统的脉冲响应为

$$h(t)=\begin{cases}1, & 0<t<T, \\ 0, & 其他.\end{cases}$$

试求系统输出过程 $Y(t)$ 的相关函数、谱密度及 $X(t)$ 与 $Y(t)$ 的互谱密度.

11. 理想低通系统具有如下的频率响应特性：

$$|H(\omega)|=\begin{cases}1, & |\omega|\leqslant\dfrac{\Omega}{2}, \\ 0, & 其他.\end{cases}$$

设输入谱密度为 $s_X(\omega)=\dfrac{N_0}{2}$ 的白噪声 $X(t)$, 求输出信号 $Y(t)$ 的功率谱密度和相关函数.

12. 设如题 12 图的系统的激励力函数 $x(t)$ 的谱密度 $s_X(\omega)=s_0$,试求输出位移 $y(t)$ 的谱密度和平均功率.

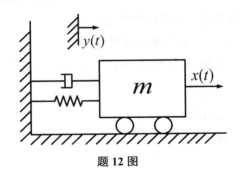

题 12 图

13. 设一个线性系统由微分方程

$$\frac{\mathrm{d}y(t)}{\mathrm{d}t} + by(t) = \frac{\mathrm{d}x(t)}{\mathrm{d}t} + ax(t)$$

给出,其中 a, b 为常数, $x(t)$、$y(t)$ 分别是输入和输出. 现输入一自相关函数为 $R_X(\tau) = \beta e^{-\alpha|\tau|}$ 的平稳过程 $X(t)$,求输出过程 $Y(t)$ 的谱密度 $s_Y(\omega)$ 和相关函数 $R_Y(\tau)$.

14. 成形滤波器. 求一个可实现的稳定系统 $H(\omega)$,使得当输入一具有单位谱高的白噪声 $X(t)$ 时,其输出过程 $Y(t)$ 的谱密度 $S_Y(\omega) = \dfrac{\omega^2 + 4}{\omega^4 + 10\omega^2 + 9}$.

答　案

习题 1 答案

1.（1）$P\{X > 0.1\} = \int_{0.1}^{+\infty} f(x)\mathrm{d}x = \int_{0.1}^{+\infty} 3\mathrm{e}^{-3x}\mathrm{d}x = 0.7408$．

（2）$E(X) = \dfrac{1}{3}$，$E(X^3\mathrm{e}^{-5X}) = \dfrac{3 \cdot 3!}{8_4}$，$E(\cos X) = \dfrac{9}{10}$．

2. $F_X(x) = \begin{cases} 0, & x < 0, \\ 0.3, & 0 \leqslant x < 1, \\ 01, & x \geqslant 1. \end{cases}$

3. $P\{X = k\} = \mathrm{C}_6^k (\dfrac{3}{4})^k (\dfrac{1}{4})^{6-k}$，$\quad k = 0, 1, 2, \cdots, 6$.

4.（1）$P\{X = 3\} = \dfrac{\lambda^3}{3!}\mathrm{e}^{-\lambda} = \dfrac{4^3}{3!}\mathrm{e}^{-4}$．

（2）$P\{X \leqslant 4\} = 1 - P\{X \geqslant 5\} = 1 - \sum_{k=5}^{\infty} \dfrac{4^k}{k!}\mathrm{e}^{-4} = 1 - 0.3712 = 0.6288$.

5. 0.368.

6.（1）参数 λ 的指数分布.

（2）$\exp(-8\lambda)$ $\mathrm{e}^{-8\lambda}$．

7. $f_Y(y) = \begin{cases} \dfrac{1}{3y}, & \mathrm{e} < y < \mathrm{e}^4, \\ 0, & \text{其他}. \end{cases}$

8. $f_Y(y) = \begin{cases} -\ln(1-y), & 0 < y < 1, \\ 0, & \text{其他}. \end{cases}$

9.（1）$P\{X < 1 | Y < 2\} = \dfrac{1 - 2\mathrm{e}^{-1} - \dfrac{1}{2}\mathrm{e}^{-2}}{1 - 5\mathrm{e}^{-2}}$．

（2）$y > 0$时.

$f_Y(y) = \int_0^y x\mathrm{e}^{-y}\,\mathrm{d}x = \dfrac{1}{2}y^2\mathrm{e}^{-y}$．

$f_{X|Y}(x|y) = \dfrac{f(x,y)}{f_Y(y)} = \begin{cases} \dfrac{x\mathrm{e}^{-y}}{\dfrac{1}{2}y^2\mathrm{e}^{-y}}, & 0 < x < y, \\ 0, & \text{其他} \end{cases} = \begin{cases} \dfrac{2x}{y^2}, & 0 < x < y, \\ 0, & \text{其他}. \end{cases}$

$f_{X|Y}(x|2) = \begin{cases} \dfrac{x}{2}, & 0 < x < 2, \\ 0, & \text{其他}. \end{cases}$

$$P\{X<1|Y=2\}=\int_{-\infty}^{1}f_{X|Y}(x|2)\,\mathrm{d}x=\int_{0}^{1}\frac{x}{2}\mathrm{d}x=\frac{1}{4}.$$

（3）$E(X|y)=\int_{0}^{+\infty}xf_{X|Y}(x|y)\mathrm{d}x=\int_{0}^{y}x\frac{2x}{y^2}\mathrm{d}x=\frac{2}{3}y$.

10. $D(X+Y)=85$，$D(X-Y)=37$.

11. $E(X)=\dfrac{5!}{2^6}$.

12. 提示：可以直接用概率密度函数计算. 也可以用特征函数如下计算：

解：$g(t)=\mathrm{e}^{\mathrm{i}\mu t-\frac{\sigma^2 t^2}{2}}$，$E(X^4)=\dfrac{1}{\mathrm{i}^2}g^{(2)}(0)=\sigma^2+\mu^2$，$E(X^4)=\dfrac{1}{\mathrm{i}^4}g^{(4)}(0)=3\sigma^2$.

13. 解：（1）用多元正态分步的性质知.

$X+Y\sim N(0,2)$，$X-Y\sim N(0,2)$.

$$\begin{pmatrix}X+Y\\X-Y\end{pmatrix}=\begin{pmatrix}1&1\\1&-1\end{pmatrix}\begin{pmatrix}X\\Y\end{pmatrix}\sim N(\boldsymbol{\mu},\boldsymbol{B}).$$

其中　$\boldsymbol{\mu}=\begin{pmatrix}0\\0\end{pmatrix}$，$\boldsymbol{B}=\begin{pmatrix}1&1\\1&-1\end{pmatrix}\begin{pmatrix}1&0\\0&1\end{pmatrix}\begin{pmatrix}1&1\\1&-1\end{pmatrix}=\begin{pmatrix}2&0\\0&2\end{pmatrix}$.

（2）因为 $\mathrm{COV}(X+Y,X-Y)=0$，所以 $X+Y,X-Y$ 相互独立.

14. 解：用全期望公式计算特征函数：

$$g_Y(t)=E(\mathrm{e}^{\mathrm{i}tY})=P(\xi=0)E(\mathrm{e}^{\mathrm{i}tY}|\xi=0)+P(\xi=1)E(\mathrm{e}^{\mathrm{i}tY}|\xi=1)$$

$$=\frac{1}{2}E(\mathrm{e}^{\mathrm{i}tX})+\frac{1}{2}E(\mathrm{e}^{\mathrm{i}t(-X)})=\mathrm{e}^{-\frac{1}{2}t^2}.$$

$Y\sim N(0,1)$.

15. 解：　先求 $Y=(X_1,X_2)'$ 的特征函数，

$$\frac{\partial^3 g}{\partial t_1^2\partial t_2}(0,0)=-6\mathrm{i}+2\mathrm{i}\cdot\mathrm{i}^2-2\cdot 2\mathrm{i}=\mathrm{i}^3 E(X_1^2 X_2),$$

因此 $E(X_1^2 X_2)=12$.

习题 2 答案

1. 解（1）$m(t)=\dfrac{1}{t}(1-\mathrm{e}^{-t})$. （2）$R(s,t)=\dfrac{1}{t+s}(1-\mathrm{e}^{-(t+s)})$，$s,t>0$.

（3）$f_t(x)=\dfrac{1}{tx}$，$x\in(\mathrm{e}^{-t},1)$.

2. 解（1）$X(0)$ 的分布律为

$X(0)$	1	2	3
P	$\frac{1}{3}$	$\frac{1}{3}$	$\frac{1}{3}$

$X(0)$ 的分布函数为

$$F_0(x) = \begin{cases} 0, & x < 1, \\ \dfrac{1}{3}, & 1 \leqslant x < 2, \\ \dfrac{2}{3}, & 2 \leqslant x < 3, \\ 1, & x \geqslant 3. \end{cases}$$

$X(\dfrac{\pi}{3})$ 的分布律为

$X(0)$		$\dfrac{1}{2}$	2	$\dfrac{3}{2}$
P		$\dfrac{1}{3}$	$\dfrac{1}{3}$	$\dfrac{1}{3}$

$X(\dfrac{\pi}{3})$ 的分布函数为

$$F_{\frac{\pi}{3}}(x) = \begin{cases} 0, & x < \dfrac{1}{2}, \\ \dfrac{1}{3}, & \dfrac{1}{2} \leqslant x < 1, \\ \dfrac{2}{3}, & 1 \leqslant x < 2, \\ 1, & x \geqslant 2. \end{cases}$$

（2）注意 $X(0), X(\dfrac{\pi}{3})$ 不相互独立，所以一维分布不能确定 $(X(0), X(\dfrac{\pi}{3}))$ 的二维分布. 由于

$$\left(X(0), X\left(\dfrac{\pi}{3}\right) \right) = \left(A\cos 0, A\cos \dfrac{\pi}{3} \right) = \left(A, \dfrac{A}{2} \right).$$

所以，有 $(X(0), X(\dfrac{\pi}{3}))$ 的二维分布律：

$$P\{X(0) = 1, X(\dfrac{\pi}{3}) = \dfrac{1}{2}\} = \dfrac{1}{3},$$

$$P\{X(0) = 2, X(\dfrac{\pi}{3}) = 1\} = \dfrac{1}{3},$$

$$P\{X(0) = 3, X(\dfrac{\pi}{3}) = \dfrac{3}{2}\} = \dfrac{1}{3}.$$

$(X(0), X(\dfrac{\pi}{3}))$ 的二维分布律也可用表格表示为：

$X(0)$ ＼ $X(\dfrac{\pi}{3})$	$\dfrac{1}{2}$	1	$\dfrac{3}{2}$
1	$\dfrac{1}{3}$	0	0

$X(0)$ ＼ $X(\frac{\pi}{3})$	$\frac{1}{2}$	1	$\frac{3}{2}$
2	0	$\frac{1}{3}$	0
3	0	0	$\frac{1}{3}$

（3）$m_X(t) = E(X(t)) = \cos t \cdot E(A) = 2\cos t$.

（4）$R_X(s,t) = E(X(s)X(t)) = \dfrac{1}{3}(\cos s \cos t + 4\cos s \cos t + 9\cos s \cos t)$

$\qquad = \dfrac{14}{3}\cos s \cos t$.

$\qquad B_X(s,t) = R_X(s,t) - m_X(s)m_X(t) = \dfrac{14}{3}\cos s \cos t - 4\cos s \cos t = \dfrac{2}{3}\cos s \cos t$.

3. 解（1）$X(0)$ 的分布律为

$X(0)$	1	2	3
P	$\frac{1}{3}$	$\frac{1}{3}$	$\frac{1}{3}$

$X(0)$ 的分布函数为

$$F_0(x) = \begin{cases} 0, & x < 1, \\ \dfrac{1}{3}, & 1 \le x < 2, \\ \dfrac{2}{3}, & 2 \le x < 3, \\ 1, & x \ge 3. \end{cases}$$

$X(\frac{\pi}{3})$ 的分布律为

$X(0)$	$\frac{1}{2}$	2	$\frac{3}{2}$
P	$\frac{1}{3}$	$\frac{1}{3}$	$\frac{1}{3}$

$X(\frac{\pi}{3})$ 的分布函数为

$$F_{\frac{\pi}{3}}(x) = \begin{cases} 0, & x < \dfrac{1}{2}, \\ \dfrac{1}{3}, & \dfrac{1}{2} \le x < 1, \\ \dfrac{2}{3}, & 1 \le x < 2, \\ 1, & x \ge 2. \end{cases}$$

（2）注意 $X(0), X(\frac{\pi}{3})$ 相互独立，所以一维分布可以确定 $(X(0), X(\frac{\pi}{3}))$ 的二维分布.

通过边缘分布律计算 $(X(0), X(\frac{\pi}{3}))$ 的联合分布律为：

$X(0)$ ＼ $X(\frac{\pi}{3})$	$\frac{1}{2}$	1	$\frac{3}{2}$	
1	$\frac{1}{9}$	$\frac{1}{9}$	$\frac{1}{9}$	$\frac{1}{3}$
2	$\frac{1}{9}$	$\frac{1}{9}$	$\frac{1}{9}$	$\frac{1}{3}$
3	$\frac{1}{9}$	$\frac{1}{9}$	$\frac{1}{9}$	$\frac{1}{3}$
	$\frac{1}{3}$	$\frac{1}{3}$	$\frac{1}{3}$	

即 $(X(0), X(\frac{\pi}{3}))$ 联合分布律为：

$X(0)$ ＼ $X(\frac{\pi}{3})$	$\frac{1}{2}$	1	$\frac{3}{2}$
1	$\frac{1}{9}$	$\frac{1}{9}$	$\frac{1}{9}$
2	$\frac{1}{9}$	$\frac{1}{9}$	$\frac{1}{9}$
3	$\frac{1}{9}$	$\frac{1}{9}$	$\frac{1}{9}$

（3）$m_X(t) = E(X(t)) = \cos t \cdot E(A) = \frac{3}{2}\cos t$.

$$R_X(s,t) = E(X(s)X(t)) = \begin{cases} \dfrac{9}{4}\cos s \cos t, & s \neq t, \\ \dfrac{5}{2}\cos^2 s, & s = t. \end{cases}$$

$$B_X(s,t) = R_X(s,t) - m_X(s)m_X(t) = \begin{cases} 0, & s \neq t, \\ \dfrac{1}{4}\cos^2 s, & s = t. \end{cases}$$

4. 解（1）$m_X(t) = E(X(t)) = \frac{1}{3}(1 + A\sin t + \cos t)$.

（2）$R_X(s,t) = E(X(s)X(t)) = \frac{1}{3}(1 + A^2 \sin s \sin t + \cos s \cos t)$.

5. 解 $B(s,t) = \mathrm{cov}(\xi + \eta s, \xi + \eta t)$
$= \mathrm{cov}(\xi, \xi) + (s+t)\mathrm{cov}(\xi, \eta) + st\,\mathrm{cov}(\eta, \eta)$
$= 2 + (s+t) + 3st.$

6. 解　$m_X(t)=0$，$B(s,t)=1+st+s^2t^2$．

7. 解（1）$Y(n) \sim N(0, n\sigma^2)$，故 $Y(n)$ 的概率密度为

$$f(n, y) = \frac{1}{\sqrt{2\pi n} \cdot \sigma} \mathrm{e}^{-\frac{y^2}{2n\sigma^2}}, \quad y \in \mathbf{R}．$$

（2）因为

$$k_1 Y(n) + k_2 Y(m) = (k_1 + k_2) \sum_{i=1}^{n} X(i) + k_2 \sum_{k=n+1}^{m} X(k) \sim N(\mu', {\sigma'}^2)，$$

所以 $(Y(n), Y(m))$ 服从二维正态分布．

计算得：

$$E(Y(n)) = 0, \quad E(Y(m)) = 0，$$
$$D(Y(n)) = n\sigma^2, \quad D(Y(m)) = m\sigma^2, \quad B(n, m) = n\sigma^2．$$

因此

$$f_{n,m}(x, y) = \frac{1}{2\pi\sqrt{mn} \cdot \sigma^2 \sqrt{1-\dfrac{n}{m}}} \mathrm{e}^{-\frac{1}{2(1-\frac{n}{m})}\left(\frac{x^2}{n\sigma^2} + \frac{y^2}{m\sigma^2} - 2\frac{xy}{n\sigma^2}\right)}．$$

8. 解　$R_{XY}(s,t) = 5b\cos(t-s) + 2c$，$B_{XY}(t, t-\tau) = 5b\cos(t-s) - 4b$．

9. 解　$EX(t) = \dfrac{t}{2}$，$R_X(s,t) = \dfrac{1}{3}st$．

10. 证明：　$\{X(t), t \in (0, +\infty)\}$，

$$R_Y(s,t) = \begin{cases} 1-|s-t|, & |s-t| > 1, \\ 0, & |s-t| \le 1. \end{cases}$$

习题 3 答案

1.（1）不是泊松过程.　（2）是泊松过程.

2. $\dfrac{\lambda_1}{\lambda_1 + \lambda_2}\left(\dfrac{\lambda_2}{\lambda_1 + \lambda_2}\right)^k, k = 0, 1, 2\ldots$

3. 略

4.（1）$p_1 = \dfrac{81\lambda^5}{40} \mathrm{e}^{-3\lambda}$．　（2）$p_2 = \dfrac{211}{120}\lambda^5 \mathrm{e}^{-3\lambda}$．

5.（1）$E[W_n] = \displaystyle\int_0^\infty \lambda t \mathrm{e}^{-\lambda t} \frac{(\lambda t)^{n-1}}{(n-1)!} \mathrm{d}t = \frac{n}{\lambda}$．

（2）$E[W_n^2] = \displaystyle\int_0^\infty \lambda t^2 \mathrm{e}^{-\lambda t} \frac{(\lambda t)^{n-1}}{(n-1)!} \mathrm{d}t = \frac{n(n+1)}{\lambda^2}$．

注：也可利用到达时间和时间间隔的关系证明.

6. $X(t+s) - X(t) \sim \pi(\lambda s)$，

$$E[Y(t)] = E[X(t+b) - X(t)] = \lambda b．$$

由于齐次泊松过程具有独立增量和平稳增量,当 $|s-t| \geqslant b$ 时,

$$B_Y(s,t) = \text{cov}\{X(s+b)-X(s), X(t+b)-X(t)\} = 0 .$$

当 $|s-t| < b$ 时,且 $s < t$ 时,

$$B_Y(s,t) = \text{cov}\{X(s+b)-X(s), X(t+b)-X(t)\}$$
$$= \text{cov}\{[X(s+b)-X(t)]+[X(t)-X(s)], [X(t+b)-X(s+b)]+[X(s+b)-X(t)]\}$$
$$= \text{cov}(X(s+b)-X(t), X(s+b)-X(t))$$
$$= D[X(s+b)-X(t)]$$
$$= \begin{cases} \lambda|b+s-t|, & |s-t| \leqslant b, \\ 0, & |s-t| > b. \end{cases}$$

同理可得当 $|s-t| < b$ 时, $s < t$,且时,也满足上式.

7. 解:由 $N(t)$ 和 $X(0)$ 的独立性知

$$E[X(t)] = EA\, E(-1)^{N(t)} = 0 .$$

当 $0 \leqslant s \leqslant t$ 时,

$$R_X(s,t) = E[X(s)X(t)] = E[A^2 (-1)^{N(s)+N(t)}] = E[(-1)^{N(s)+N(t)}]$$
$$= P(N(t)-N(s)=偶数) - P(N(t)-N(s)=奇数) = e^{-2\lambda(t-s)} .$$

当 $0 \leqslant t \leqslant s$ 时, $R_X(s,t) = e^{-2\lambda(s-t)}$.

故 $R_X(s,t) = e^{-2\lambda|s-t|}$.

习题 4 答案

1.（1）不一定是泊松过程?

（2）是参数为 λp 的泊松过程泊松过程.

（3） Y_k 是参数为 p 的（0-1）分布,该商场 $(0,t]$ 内购物人数 $X(t) = \sum_{k=1}^{N(t)} Y_k$, $t \geqslant 0$ 是参数为 λp 的泊松过程.

2. $\text{Var}\{X(t)\} = E\{X(t)\} = \int_0^t \lambda(u)\mathrm{d}u = \dfrac{1}{2}(t + \dfrac{\sin \omega t}{\omega})$, $\omega \neq 0$.

3. 分析与提示　由题意可写出非齐次泊松过程到达率函数 $\lambda(t)$ 的表达式:

$$\lambda(t) = \begin{cases} 5t-35, & 8 \leqslant t < 11, \\ 20, & 11 \leqslant t < 13, \\ -\dfrac{4}{3}t + \dfrac{104}{3}, & 13 \leqslant t \leqslant 17. \end{cases}$$

显然 $\lambda(t)$ 是 t 的连续函数.

答案: $p = e^{-10}$, $E[X(9.5)-X(8.5)] = m(9.5) - m(8.5) = 10$ 人.

4. 分析与提示

先求出条件期望 $E[\sum_{i=1}^{X(t)}(t-W_i) | X(t)=n]$,

再求 $E[\sum\limits_{i=1}^{X(t)}(t-W_i)]$ 即可.

$$E[\sum_{i=1}^{X(t)}(t-W_i)] = \sum_{n=0}^{n} E[\sum_{i=1}^{X(t)}(t-W_i)\,|\,X(t)=n] \cdot P(X(t)=n) = \frac{t}{2}E[X(t)] = \frac{1}{2}\lambda t^2 \ .$$

习题 5 答案

1.(1)马尔可夫链有限维分布的无后效性(马尔可夫性).

(1)若现在状态已知时,将来的状态和过去无关.

2. 马尔可夫性是指:若现在状态确定时,将来的状态和过去无关;如果现在状态只有部分信息而不完全确定时,那么将来的状态可能和过去相关;

3. 解 $X(n+1)$ 所处的状态仅与 $X(n)$ 所处状态有关,即第 $n+1$ 次摸换后的黑球数只与第 n 次摸换后的黑球数有关,因而 $\{X(n),n\geqslant 1\}$ 为马尔可夫链.

$$p_{i,i-1} = P\{X(t+1)=i-1\,|\,X(t)=i\} = \frac{i}{c} ,$$

$$p_{i,i+1} = P\{X(t+1)=i+1\,|\,X(t)=i\} = \frac{c-i}{c} .$$

$\{X(n),n\geqslant 1\}$ 构成齐次马尔可夫链,其状态空间为 $E=\{0,1,2,\cdots,c\}$.

4. 解 状态空间为 $E=\{0,1,2,3,4,5,6\}$. $X(n+1)$ 所处的状态仅与 $X(n)$ 所处状态有关,$\{X(n),n=0,1,2,\cdots\}$ 构成齐次马尔可夫链.

转移概率矩阵为

$$\boldsymbol{P} = \begin{array}{c} \\ 1 \\ 2 \\ 3 \\ 4 \\ 5 \\ 6 \end{array}\!\!\begin{pmatrix} 1 & 0 & 0 & 0 & 0 & 0 \\ \frac{1}{2} & \frac{1}{2} & 0 & 0 & 0 & 0 \\ \frac{1}{3} & \frac{1}{3} & \frac{1}{3} & 0 & 0 & 0 \\ \frac{1}{4} & \frac{1}{4} & \frac{1}{4} & \frac{1}{4} & 0 & 0 \\ \frac{1}{5} & \frac{1}{5} & \frac{1}{5} & \frac{1}{5} & \frac{1}{5} & 0 \\ \frac{1}{6} & \frac{1}{6} & \frac{1}{6} & \frac{1}{6} & \frac{1}{6} & \frac{1}{6} \end{pmatrix} .$$

5. 解 (1) $P\{X(4)=3\,|\,X(1)=1,X(2)=1\} = P\{X(4)=3\,|\,X(2)=1\} = p_{13}(2) = \dfrac{1}{8}$.

(2) $P\{X(2)=1,X(3)=2\,|\,X(1)=1\}$

$$= P\{X(2)=1\,|\,X(1)=1\} \cdot P\{X(3)=2\,|\,X(1)=1,X(2)=1\}$$

$$= p_{11}^{(1)} p_{12}^{(1)} = \frac{1}{4} .$$

6. 解

（1）$P\{X(1)=1,X(2)=2,X(3)=3\}$

$\quad=P\{X(1)=1\}\cdot P\{X(2)=2\mid X(1)=1\}\cdot P\{X(3)=3\mid X(1)=1,X(2)=2\}$

$\quad=P\{X(1)=1\}\cdot P\{X(2)=2\mid X(1)=1\}\cdot P\{X(3)=3\mid X(2)=2\}$

$\quad=\dfrac{1}{2}\times\dfrac{1}{2}\times\dfrac{2}{3}=\dfrac{1}{6}$.

（2）$X(2)$ 的分布律：

$$\left(\dfrac{1}{2},\dfrac{1}{3},\dfrac{1}{6}\right)\begin{pmatrix}\dfrac{1}{2}&\dfrac{1}{2}&0\\[2mm]\dfrac{1}{3}&0&\dfrac{2}{3}\\[2mm]0&\dfrac{2}{5}&\dfrac{3}{5}\end{pmatrix}=\left(\dfrac{13}{36},\dfrac{19}{60},\dfrac{29}{90}\right).$$

7. 解：初始分布 $P(0)=\left(\dfrac{15}{24},\dfrac{9}{24}\right)$.

转移概率阵 $P=\begin{pmatrix}\dfrac{7}{14}&\dfrac{7}{14}\\[2mm]\dfrac{7}{9}&\dfrac{2}{9}\end{pmatrix}$.

$\quad\boldsymbol{P}^3=\begin{pmatrix}0.6&0.4\\0.62&0.38\end{pmatrix}$.

$\quad\pi(3)=\pi(0)P^3=\left(\dfrac{15}{24},\dfrac{9}{24}\right)\begin{pmatrix}0.6&0.4\\0.62&0.38\end{pmatrix}=(0.61,0.39)$.

8. 证明 $\boldsymbol{P}^2=\begin{pmatrix}0&1\\1&0\end{pmatrix}\begin{pmatrix}0&1\\1&0\end{pmatrix}=\begin{pmatrix}1&0\\0&1\end{pmatrix}=\boldsymbol{I}$.

$\quad\boldsymbol{P}^3=\boldsymbol{P}\cdot\boldsymbol{P}^2=\boldsymbol{P}$.

$\quad\boldsymbol{P}^n=\begin{cases}I,&n\text{为偶数,}\\P,&n\text{为奇数.}\end{cases}$

由 $\lim\limits_{n\to+\infty}\boldsymbol{P}^n$ 不存在，可知此可尔可夫链极限分布. 再由

$$(\pi_1,\pi_2)=(\pi_1,\pi_2)\begin{pmatrix}0&1\\1&0\end{pmatrix},$$

$\quad\pi_1+\pi_2=1$，

得　　$(\pi_1,\pi_2)=\left(\dfrac{1}{2},\dfrac{1}{2}\right)$.

即　　$V=\left(\dfrac{1}{2},\dfrac{1}{2}\right)$.

为马尔可夫链的平稳分布.

9. 解：状态转移图如题 9 解图所示.

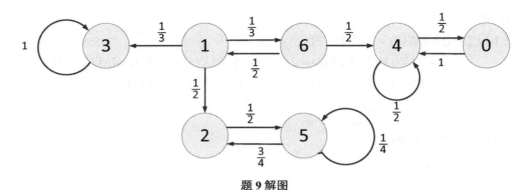

题9解图

$f_{00}=1, \mu_{00}=3$; $\quad f_{11}=\dfrac{1}{6}<1$,非常返;

$f_{22}=1, \mu_{22}=\dfrac{5}{3}$; $f_{33}=1, \mu_{33}=1$.

10. 解:（2）

$$p_{ij}=\begin{cases}\dfrac{i}{n}, & j=i, \\[2mm] \dfrac{1}{n}, & i<j\leqslant n, \\[2mm] 0, & \text{其他.}\end{cases}$$

从而一步转移概率矩阵为

$$\boldsymbol{P}=\begin{bmatrix}\dfrac{1}{n} & \dfrac{1}{n} & \dfrac{1}{n} & \cdots & \dfrac{1}{n} \\[2mm] 0 & \dfrac{2}{n} & \dfrac{1}{n} & \cdots & \dfrac{1}{n} \\[2mm] 0 & 0 & \dfrac{3}{n} & \cdots & \dfrac{1}{n} \\[1mm] \vdots & \vdots & \vdots & & \vdots \\[1mm] 0 & 0 & 0 & \cdots & 1\end{bmatrix}.$$

（3）设 T_n 为仪器记录到最大值 n 的首达时间,则

$$P(T_n=k)=\dfrac{1}{n}\cdot\dfrac{(n-1)^{k-1}}{n^{k-1}} ,$$

$$ET_n=\sum_{k=1}^{\infty}kP(T_n=k)=\sum_{k=1}^{\infty}k\cdot\dfrac{1}{n}\cdot\dfrac{(n-1)^{k-1}}{n^{k-1}}=n .$$

11. 解（1）状态转移概率图为

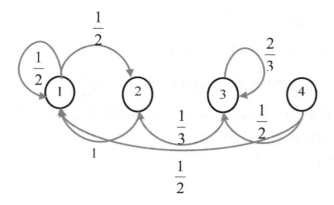

（2）由上图可知 $\{1,2\}$ 构成一个不可约闭集，1,2 为正常返非周期状态．

$$f_{33} = \sum_{n=1}^{+\infty} f_{33}(n) = \frac{2}{3} < 1 ,$$

$$f_{44} = 0 < 1 .$$

因此 3,4 为非常返状态，

（3）$E = N + C = \{3,4\} + \{1,2\}$.

12. 解（1）：状态空间分解为：$I = \{1\} + \{2,3,4\} + \{5,6,7\} \triangleq D + C_1 + C_2$.

其中 $D = \{1\}$ 是非常返集，$C_1 = \{2,3,4\}$，$C_2 = \{5,6,7\}$ 是不可约常返闭集，非周期．

（2）$C_1 = \{2,3,4\}$ 对应的转移概率矩阵为由方程组 $\pi = \pi P_1$：

$$\begin{cases} \pi_2 = \pi_4, \\ \pi_3 = 0.5\pi_2, \\ \pi_4 = 0.5\pi_2 + \pi_3, \\ \pi_2 + \pi_3 + \pi_4 = 1, \end{cases} \quad\Rightarrow \pi_2 = \frac{2}{5}, \pi_3 = \frac{1}{5}, \quad \pi_4 = \frac{2}{5} .$$

得其平稳分布：$\left(0, \ \dfrac{2}{5}, \ \dfrac{1}{5}, \ \dfrac{2}{5}, \ 0, \ 0, \ 0 \right)$.

$C_2 = \{5,6,7\}$ 对应的转移概率矩阵为 $P_2 = \begin{bmatrix} 0.5 & 0.5 & 0 \\ 0.5 & 0 & 0.5 \\ 0 & 0.5 & 0.5 \end{bmatrix}$.

$$\begin{cases} \pi_5 = 0.5\pi_5 + 0.5\pi_6, \\ \pi_6 = 0.5\pi_5 + 0.5\pi_7, \\ \pi_7 = 0.5\pi_6 + 0.5\pi_7, \\ \pi_5 + \pi_6 + \pi_7 = 1, \end{cases} \quad\Rightarrow \pi_5 = \pi_6 = \pi_{47} = \frac{1}{3} .$$

得其平稳分布：$\left(0, \ 0, \ 0, \ 0, \ \dfrac{1}{3}, \ \dfrac{1}{3}, \ \dfrac{1}{3} \right)$.

（3）$p_{12}^{(n)} = \sum_{k=1}^{7} p_{1k} p_{k2}^{(n-1)} = p_{11} p_{12}^{(n-1)} + \sum_{k=2}^{4} p_{1k} p_{k2}^{(n-1)} \left(p_{k2}^{(n)} = 0, \ k = 5,6,7 \right)$.

上式两边令 $n \to \infty$，注意到：$\lim\limits_{n \to \infty} p_{k2}^{(n)} = \pi_2 = 0.4, \quad k = 2,3,4$.

$$\lim_{n\to\infty} p_{12}{}^{(n)} = p_{11} \lim_{n\to\infty} p_{12}{}^{(n-1)} + \pi_2 \sum_{k=2}^{4} p_{1k}$$

$$= 0.1 \lim_{n\to\infty} p_{12}{}^{(n-1)} + \frac{2}{5}(0.1 + 0.2 + 0.2).$$

由于 $\lim_{n\to\infty} p_{12}{}^{(n)} = \lim_{n\to\infty} p_{12}{}^{(n-1)}$ 故从上式可解得: $\lim_{n\to\infty} p_{12}{}^{(n)} = \dfrac{2}{9}$.

13. 解:（1）设状态空间为 $S = \{1, 2, 3\}$，其状态转移图如题 13 解图（一）所示. 该齐次马尔可夫链是不可约的遍历链，求解方程组

$$\pi = \pi P, \pi_1 + \pi_2 + \pi_3 = 1,$$

即

$$\begin{cases} \dfrac{1}{4}\pi_2 = \pi_1, \\ \pi_1 + \dfrac{1}{2}\pi_2 + \pi_3 = \pi_2, \\ \dfrac{1}{4}\pi_2 = \pi_3, \\ \pi_1 + \pi_2 + \pi_3 = 1, \end{cases}$$

得

$$\pi_1 = \frac{1}{6}, \pi_2 = \frac{2}{3}, \pi_3 = \frac{1}{6}.$$

所以平稳分布为

$$\pi = \left\{\frac{1}{6}, \frac{2}{3}, \frac{1}{6}\right\}.$$

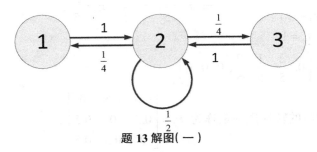

题 13 解图（一）

（2）设状态空间为 $S = \{1, 2, 3, 4\}$，状态转移图如题 11 解图（二）所示. 由状态转移图可见，$D = \{2\}$ 是非常返状态集，$C = \{1, 3, 4\}$ 是唯一的一个正常返非周期状态的不可约集，因此其平稳分布存在唯一，设相应于 C 的转移概率矩阵为

$$P_1 = \begin{bmatrix} \dfrac{1}{4} & \dfrac{1}{4} & \dfrac{1}{2} \\ 0 & \dfrac{1}{2} & \dfrac{1}{2} \\ \dfrac{1}{2} & \dfrac{1}{2} & 0 \end{bmatrix}.$$

令 $\pi^{(1)} = \{\pi_1^{(1)}, \pi_2^{(1)}, \pi_3^{(1)}\}$ ，求解方程组

$$\pi^{(1)} = \pi^{(1)} P_1, \pi_1^{(1)} + \pi_2^{(1)} + \pi_3^{(1)} = 1 ,$$

即

$$\begin{cases} \dfrac{1}{4}\pi_1^{(1)} + \dfrac{1}{2}\pi_3^{(1)} = \pi_1^{(1)}, \\[2mm] \dfrac{1}{4}\pi_1^{(1)} + \dfrac{1}{2}\pi_2^{(1)} + \dfrac{1}{2}\pi_3^{(1)} = \pi_2^{(1)}, \\[2mm] \dfrac{1}{2}\pi_1^{(1)} + \dfrac{1}{2}\pi_2^{(1)} = \pi_3^{(1)}, \\[2mm] \pi_1^{(1)} + \pi_2^{(1)} + \pi_3^{(1)} = 1. \end{cases}$$

得

$$\pi_1^{(1)} = \frac{2}{9}, \pi_2^{(1)} = \frac{4}{9}, \pi_3^{(1)} = \frac{1}{3} .$$

所以平稳分布为

$$\pi = \{\frac{2}{9}, 0, \frac{4}{9}, \frac{1}{3}\} .$$

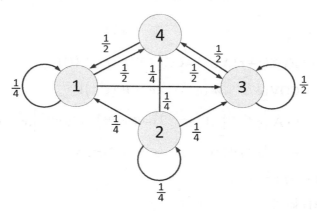

题 13 解图（二）

习题 6 答案

1. 解：$P\{B(1) < a, B(2) > 0\} = \dfrac{1}{\sqrt{2\pi}} \displaystyle\int_{-\infty}^{a} P\{B(2) > 0 \mid B(1) = x\} \mathrm{e}^{-\frac{x^2}{2}} \mathrm{d}x$

$$= \dfrac{1}{\sqrt{2\pi}} \int_{-\infty}^{a} \left(1 - \Phi(-x)\right) \mathrm{e}^{-\frac{x^2}{2}} \mathrm{d}x$$

$$= \dfrac{1}{\sqrt{2\pi}} \int_{-\infty}^{a} \Phi(x) \mathrm{e}^{-\frac{x^2}{2}} \mathrm{d}x = \dfrac{1}{2}\Phi^2(a).$$

2. 解：$\left(B(1), B(2), B(3)\right)' \sim N(0, \boldsymbol{\Sigma})$ ，$\boldsymbol{\Sigma} = \begin{pmatrix} 1 & 1 & 1 \\ 1 & 2 & 2 \\ 2 & 2 & 3 \end{pmatrix}$.

$$B(1)+B(2)+B(3)=(1,1,1)\begin{pmatrix} B(1) \\ B(2) \\ B(3) \end{pmatrix}, 记\ A=(1,1,1)\ .$$

$$A\Sigma A'=\begin{pmatrix} 1 & 1 & 1 \\ 1 & 2 & 2 \\ 2 & 2 & 3 \end{pmatrix}=16\ .$$

$$B(1)+B(2)+B(3)\sim N(0,16)\ .$$

3. 证明：$t_1<t_2<\cdots<t_n\in(-\infty,+\infty)$.

$$\left(X(t_1),\ \cdots,X(t_n)\right)'=\left(\mathrm{e}^{-at_1}W(\mathrm{e}^{2at_1}),\mathrm{e}^{-at_2}W(\mathrm{e}^{2at_2}),\cdots,\ \mathrm{e}^{-at_n}W(\mathrm{e}^{2at_n})\right)$$

$$=\begin{pmatrix} \mathrm{e}^{-at_1} & 0 & \cdots & 0 \\ 0 & \mathrm{e}^{-at_2} & \cdots & 0 \\ \cdots & \cdots & & \cdots \\ 0 & 0 & \cdots & \mathrm{e}^{-at_n} \end{pmatrix}\left(W(\mathrm{e}^{2at_1}),W(\mathrm{e}^{2at_2}),\cdots,\ W(\mathrm{e}^{2at_n})\right)'\ .$$

由正态分布的性质知：$\left(X(t_1),\ \cdots,X(t_n)\right)'$ 为 n 维正态分布, 所以 $X(t)$ 为正态过程. $EX(t)=0$.

当 $\tau>0$ 时,

$$R_X(t+\tau,t)=E\big(X(t+\tau)X(t)\big)=COV\big(X(t+\tau),X(t)\big)$$

$$=\mathrm{COV}\big(\mathrm{e}^{-a(t+\tau)}\ W(\mathrm{e}^{2a(t+\tau)}),\mathrm{e}^{-at}\ W(\mathrm{e}^{2at})\big)$$

$$=\mathrm{COV}\big(\mathrm{e}^{-a(t+\tau)}\big[\ W(\mathrm{e}^{2a(t+\tau)})-W(\mathrm{e}^{2at})+W(\mathrm{e}^{2at})\big],\mathrm{e}^{-at}\ W(\mathrm{e}^{2at})\big)$$

$$=\mathrm{e}^{-a(t+\tau)}\mathrm{e}^{-at}D\big(W(\mathrm{e}^{2at})\big)=\mathrm{e}^{-a(t+\tau)}\mathrm{e}^{-at}\sigma^2\mathrm{e}^{2at}\ .$$

对任意的 $\tau>0$ $R_X(t+\tau,t)=\sigma^2\mathrm{e}^{-a|\tau|}$.

4. 提示：必要条件显然.

充分条件的证明：利用两正态随机变量的相互独立与不相关等价可证明独立增量性.

5. 略.

6.

$$m_Y(t)=E\big[Y(t)\big]=E\big[X(t+b)-X(t)\big]=E\big[X(t+b)\big]-E\big[X(t)\big]$$

$$=\alpha+\beta(t+b)-(\alpha+\beta t)=\beta b\ .$$

$$B_Y(t,t-\tau)=\mathrm{cov}\big(Y(t),Y(t-\tau)\big)=\mathrm{cov}\big(X(t+b)-X(t),X(t-\tau+b)-X(t-\tau)\big)$$

$$=2B_X(\tau)-B_X(b+\tau)-B_X(\tau-b)$$

$$=2\mathrm{e}^{-a|\tau|}-\mathrm{e}^{-a|\tau-b|}-\mathrm{e}^{-a|\tau+b|}\ .$$

习题 7 答案

1. 解：$\sum\limits_{k=1}^{\infty} a_k X_k$ 均方收敛，即部分和序列：$\{Y_n = \sum\limits_{k=1}^{n} a_k X_k, n \geq 1\}$ 均方收敛.

由均方收敛准则知

$\{Y_n, n \geq 1\}$ 均方收敛 $\Leftrightarrow \lim\limits_{n,m\to\infty} E(Y_n \bar{Y}_m)$ 存在，$\quad \lim\limits_{n,m\to\infty} E(Y_n \bar{Y}_m) = \lim\limits_{n,m\to\infty} E[\sum\limits_{r=1}^{n} a_r X_r \sum\limits_{k=1}^{m} \bar{a}_k \bar{X}_k]$

$= \lim\limits_{n,m\to\infty} E[\sum\limits_{r=1}^{n}\sum\limits_{k=1}^{m} a_r \bar{a}_k X_r \bar{X}_k] = \lim\limits_{n,m\to\infty} \sum\limits_{r=1}^{n}\sum\limits_{k=1}^{m} a_r \bar{a}_k E(X_r \bar{X}_k)$.

上面的极限存在等价于：

$$\sum_{r=1}^{\infty}\sum_{k=1}^{\infty} a_r \bar{a}_k E(X_r \bar{X}_k) = \sum_{k=1}^{\infty} |a_k|^2 E|X_k|^2 = \sigma^2 \sum_{k=1}^{\infty} |a_k|^2 \text{ 收敛}.$$

$\sum\limits_{k=1}^{\infty} a_k X_k$ 均方收敛的充要条件 $\sum\limits_{k=1}^{\infty} |a_k|^2 < \infty$.

2. 解：求 $\{X(t), t \geq 0\}$ 的均值函数和相关函数

$$m_X(t) = E[X(t)] = E\int_0^t sW(s)\mathrm{d}s = 0, \quad t \geq 0.$$

$$R_X(s,t) = E[X(s)X(t)] = E\int_0^s \int_0^t uvW(u)W(v)\mathrm{d}u\mathrm{d}v$$

$$= \int_0^s \int_0^t uvR_W W(u,v)\mathrm{d}u\mathrm{d}v = \int_0^s \int_0^t uv\min(u,v)\mathrm{d}u\mathrm{d}v.$$

当 $0 \leq s \leq t$ 时，

$$R_X(s,t) = \int_0^s \mathrm{d}u\int_0^u uv^2\mathrm{d}v + \int_0^s \mathrm{d}u\int_u^t u^2 v\mathrm{d}v$$

$$= \frac{1}{30} s^3(5t^2 - s^2).$$

同理 $0 \leq t < s$ 时，

$$R_X(s,t) = \frac{1}{30} t^3(5s^2 - t^2) ,$$

故

$$R_X(s,t) = \begin{cases} \dfrac{1}{30} s^3(5t^2 - s^2), & 0 \leq s \leq t, \\[2mm] \dfrac{1}{30} t^3(5s^2 - t^2), & 0 \leq t < s. \end{cases}$$

3. 解 $E(N(t)) = \lambda t, \quad R_N(s,t) = \lambda\min\{s,t\} + \lambda^2 st$.

$$E(X(t)) = \frac{1}{t}\int_0^t E(N(u))\mathrm{d}u = \frac{1}{t}\int_0^t \lambda u\mathrm{d}u = \frac{1}{2}\lambda t .$$

$$R_X(s,t) = \frac{1}{st}\int_0^s \int_0^t R_N(s,t)\mathrm{d}u\mathrm{d}v$$

$$= \frac{1}{st}\left(\int_0^s \int_0^t \lambda\min\{u,v\}\mathrm{d}u\mathrm{d}v + \int_0^s \int_0^t \lambda^2 uv\mathrm{d}u\mathrm{d}v\right)$$

$$= \begin{cases} \dfrac{\lambda s}{6t}(3t-s) + \dfrac{\lambda^2}{4}st, & 0 < s \leqslant t, \\[3mm] \dfrac{\lambda t}{6t}(3s-t) + \dfrac{\lambda^2}{4}st, & 0 < t \leqslant s. \end{cases}$$

4. 解 因为 $m_X(t) = 0, R_X(s,t) = C_X(s,t) = \sigma^2 \cos\alpha(t-s)$ 连续，所以 $X(t)$ 均方连续，从而均方可积.

$$m_Y(t) = E(Y(t)) = \int_0^t E(X(s))\mathrm{d}s = 0 \ .$$

$$\begin{aligned} C_X(s,t) &= R_Y(s,t) - 0 \\ &= \int_0^s \int_0^t R_X(u,v)\mathrm{d}u\mathrm{d}v \\ &= \int_0^s \int_0^t \sigma^2 \cos\alpha(u-v)\mathrm{d}u\mathrm{d}v \\ &= \frac{\sigma^2}{\alpha^2}[1 - \cos\alpha s - \cos\alpha t + \cos\alpha(t-s)] \ . \end{aligned}$$

$$D_Y(t) = \frac{2\sigma^2}{\alpha^2}(1 - \cos\alpha t) \ .$$

5. 解：

$$\begin{aligned} m_Y(t) &= \int_0^t m_X(s)\mathrm{d}s = \int_0^t 5\mathrm{e}^{3s}\cos 2s\,\mathrm{d}s = 5 \cdot \frac{1}{3}\int_0^t \cos 2s\,\mathrm{d}\mathrm{e}^{3s} \\ &= \frac{5}{3}\mathrm{e}^{3s}\cos 2s\Big|_0^t + \frac{5}{3}\cdot 2\int_0^t \mathrm{e}^{3s}\sin 2s\,\mathrm{d}s \\ &= \frac{5}{3}\mathrm{e}^{3s}\cos 2t - \frac{5}{3} + \frac{10}{9}\int_0^t \sin 2s\,\mathrm{d}\mathrm{e}^{3s} \\ &= \frac{5}{3}\mathrm{e}^{3s}\cos 2t - \frac{5}{3} + \frac{10}{9}\mathrm{e}^{3s}\sin 2t\Big|_0^t - \frac{20}{9}\int_0^t \mathrm{e}^{3s}\cos 2s\,\mathrm{d}s \\ &= \frac{5}{3}\mathrm{e}^{3s}\cos 2t - \frac{5}{3} + \frac{10}{9}\mathrm{e}^{3s}\sin 2t - \frac{4}{9}m_Y(t). \end{aligned}$$

得

$$m_Y(t) = \frac{5}{13}(3\mathrm{e}^{3t}\cos 2t + 2\mathrm{e}^{3t}\sin 2t - 3), t \geqslant 0.$$

$$\begin{aligned} R_Y(s,t) &= \int_0^s \int_0^t R_X(u,v)\mathrm{d}u\mathrm{d}v \\ &= \int_0^s \int_0^t 26\mathrm{e}^{3(u+v)}\cos 2u\cos 2v\,\mathrm{d}u\mathrm{d}v \\ &= 26\int_0^s \mathrm{e}^{3u}\cos 2u\,\mathrm{d}u\int_0^t \mathrm{e}^{3v}\cos 2v\,\mathrm{d}v. \end{aligned}$$

利用上面计算 $m_Y(t)$ 时所得的结果，得

$$\int_0^s \mathrm{e}^{3u}\cos 2u\,\mathrm{d}u = \frac{1}{13}(3\mathrm{e}^{3s}\cos 2s + 2\mathrm{e}^{3s}\sin 2s - 3),$$

$$\int_0^t \mathrm{e}^{3v}\cos 2v\,\mathrm{d}v = \frac{1}{13}(3\mathrm{e}^{3t}\cos 2t + 2\mathrm{e}^{3t}\sin 2t - 3).$$

故

$$R_Y(s,t) = 26 \cdot \frac{1}{13}(3e^{3s}\cos 2s + 2e^{3s}\sin 2s - 3) \cdot \frac{1}{13}(3e^{3t}\cos 2t + 2e^{3t}\sin 2t - 3)$$

$$= \frac{2}{13}(3e^{3s}\cos 2s + 2e^{3s}\sin 2s - 3)(3e^{3t}\cos 2t + 2e^{3t}\sin 2t - 3), t, s \geq 0.$$

习题 8 答案

1. 证明 提示

先证明 $\{X(t), -\infty < t < +\infty\}$ 为宽平稳过程,再证明为正态过程. 所以 $\{X(t), -\infty < t < +\infty\}$ 为严平稳过程.

2. 证明 由于

$$m_Z(t) = E[Z(t)] = E[X(t)Y(t)] = E[X(t)]E[Y(t)] = m_X m_Y,$$

$$R_Z(\tau) = E[Z(t+\tau)Z(t)] = E[X(t+\tau)Y(t+\tau)X(t)Y(t)]$$

$$= E[X(t+\tau)X(t)] \cdot E[Y(t+\tau)Y(t)] = R_X(\tau)R_Y(\tau).$$

所以 $Z(t)$ 是平稳过程.

3. (1)

$$EX(t) = \int_0^{2\pi} \sin ut \frac{1}{2\pi}du = \frac{-1}{2\pi t}\cos ut \big|_0^{2\pi} = 0,$$

$$R_X(t, t-\tau) = E[X(t)X(t-\tau)] = E[\sin ut \sin u(t-\tau)] = \int_0^{2\pi} \sin xt \sin x(t-\tau) \cdot \frac{1}{2\pi}dx$$

$$= \frac{1}{2\pi} \cdot \frac{1}{2}\int_0^{2\pi}[\cos x\tau - \cos(2xt - x\tau)]dx = 0.$$

仅与 τ 有关,所以 $\{X(t), t = 1, 2, \cdots\}$ 是宽平稳过程.

(2)

$$EX(t) = \int_0^{2\pi} \sin(xt)\frac{1}{2\pi}dx = \frac{1}{2\pi t}[1 - \cos 2\pi t] \text{ 与 } t \text{ 有关.}$$

$\{X(t), t \in (0, +\infty)\}$ 为非宽平稳过程.

4. (1)第 10 题中的过程是平稳过程,其它都不是.

(2)第 8 题中的 $Y(t)$ 是平稳过程, 且与 $X(t)$ 为互平稳.

5. 证明(1)

$$EX(t) = \int_0^T f(t+\theta) \cdot \frac{1}{T}d\theta = \int_t^{t+T} f(y) \cdot \frac{1}{T}dy$$

$$= \frac{1}{T}\int_0^T f(y) \cdot dy \text{ 为常数.}$$

最后一个式子是由因为 $f(x)$ 是周期为 T 的函数.

$$R_X(t+\tau, t) = E[X(t+\tau)X(t)] = \int_0^T f(t+\tau+\theta)f(t+\theta) \cdot \frac{1}{T}d\theta$$

$$= \frac{1}{T}\int_t^{t+T} f(y+\tau)f(y)dy.$$

$$= \frac{1}{T} \int_0^T f(y+\tau) f(y) \mathrm{d}y . \qquad 与 t 无关.$$

因此 $\{X(t)\}$ 是平稳过程

6. 略

7. 解

$$EX(t)=EY(t)=0 ,$$

$$R_X(\tau) = E[X(t)X(t-\tau)] = E[a\sin(\omega t+\theta) a\sin(\omega t-\omega\tau+\theta)]$$

$$= \frac{a^2}{2\pi} \int_0^{2\pi} \sin(\omega t+\theta)\sin(\omega t-\omega\tau+\theta) \mathrm{d}\theta$$

$$= \frac{a^2}{2\pi} \int_0^{2\pi} \frac{[\cos(\omega\tau)+\cos(2\omega t-\omega\tau+2\theta)]}{2} \mathrm{d}\theta = \frac{a^2}{2}\cos(\omega\tau)$$

同样可得 $R_Y(\tau) = = \frac{b^2}{2}\cos(\omega\tau)$

$$R_{XY}(\tau) = E[X(t)Y(t-\tau)] = E[a\sin(\omega t+\theta) b\sin(\omega t-\omega\tau+\theta-\varphi)]$$

$$= \frac{ab}{2\pi} \int_0^{2\pi} \sin(\omega t+\theta)\sin(\omega t-\omega\tau+\theta-\varphi) \mathrm{d}\theta$$

$$= \frac{ab}{2\pi} \int_0^{2\pi} \frac{[\cos(\omega\tau+\varphi)+\cos(2\omega t-\omega\tau+2\theta-\varphi)]}{2} \mathrm{d}\theta$$

$$= \frac{1}{2} ab\cos(\omega\tau+\varphi).$$

$$R_X(\tau) = R_{XY}(-\tau) = \frac{1}{2} AB\cos(\omega\tau-\varphi) .$$

两个过程都是平稳过程,且为互平稳。

8. 证明:

$$m_Z(t) = E[Z(t)] = E[\alpha X(t)+\beta Y(t)] = \alpha m_X + \beta m_Y .$$

$$R_Z(t,t+\tau) = E[\overline{Z(t)}Z(t+\tau)] = E[\overline{(\alpha X(t)+\beta Y(t))}(\alpha X(t+\tau)+\beta Y(t+\tau))]$$

$$= |\alpha|^2 R_X(\tau) + \overline{\alpha}\beta R_{XY}(\tau) + \alpha\overline{\beta} R_{YX}(\tau) + |\beta|^2 R_Y(\tau)$$

$$= R_Z(\tau).$$

所以 $\{Z(t),t\in T\}$ 是平稳过程,且

$$R_Z(\tau) = |\alpha|^2 R_X(\tau) + \overline{\alpha}\beta R_{XY}(\tau) + \alpha\overline{\beta} R_{YX}(\tau) + |\beta|^2 R_Y(\tau) .$$

9. 解 由于 $R_{X'}(\tau) = -\dfrac{\mathrm{d}^2 R_X(\tau)}{\mathrm{d}\tau^2}$,

且 $R_{XX'}(\tau) = -\dfrac{\mathrm{d}}{\mathrm{d}\tau} R_X(\tau)$, $R_{X'X}(\tau) = \dfrac{\mathrm{d}}{\mathrm{d}\tau} R_X(\tau)$.

则, $R_Y(\tau) = E[Y(t)Y(t-\tau)]$

$$= E\{[X(t)+X'(t)][X(t-\tau)+X'(t-\tau)]\}$$

$$= R_X(\tau) + R_{XX'}(\tau) + R_{XX'}(\tau) + R_{X'}(\tau)$$

$$= \mathrm{e}^{-\tau^2} + \frac{\mathrm{d}}{\mathrm{d}\tau} R_X(\tau) - \frac{\mathrm{d}}{\mathrm{d}\tau} R_X(\tau) - \frac{\mathrm{d}^2}{\mathrm{d}\tau^2} R_X(\tau)$$

$$= e^{-\tau^2} + 2e^{-\tau^2} - 4\tau^2 e^{-\tau^2}$$
$$= (3 - 4\tau^2)e^{-\tau^2}.$$

10. 解 由于 $R_X(\tau) = e^{-2\lambda|\tau|}$.

显然，当 $\tau \to \infty$ 时，$R_X(\tau) \to 0$，且 $m_X = 0$，故当 $\tau \to \infty$ 时，$B_X(\tau) \to 0$.

所以，$\{X(t), t \in [0, +\infty)\}$ 的均值具有遍历性.

11. 解

$$m_X = E[a\cos(At + \Theta)]$$
$$= a\{E[\cos(At)]E[\cos\Theta] + E[\sin(At)]E[\sin\Theta]\} = 0,$$
$$R_X(t, t+\tau) = E[X_t X_{t+\tau}] = E[a^2 \cos(At + \Theta)\cos(At + A\tau + \Theta)]$$
$$= \frac{a^2}{2} E[\cos(2At + A\tau + 2\Theta) + \cos(A\tau)]$$
$$= \frac{a^2}{4\tau} \sin 2\tau.$$

因此，X 为平稳过程.

且得到　　$B_X(\tau) = R_X(\tau) = \dfrac{a^2}{4\tau}\sin 2\tau \to 0$.

所以 X 的均值具有各态历经性.

12. 解：当且仅当 ξ 概率 1 是常数时，过程 X_t 才具有均值各态历经性和相关函数的各态历经性.

13. 解

$$m_X(t) = E[X(t)] = EX = 1 \times \frac{1}{3} + 2 \times \frac{1}{3} + 3 \times \frac{1}{3} = 2,$$
$$R_X(t, t+\tau) = E[\overline{X(t)}X(t+\tau)] = EX^2 = 1 \times \frac{1}{3} + 2^2 \times \frac{1}{3} + 3^2 \times \frac{1}{3} = \frac{14}{3}.$$

因此 $\{X(t), -\infty < t < +\infty\}$ 是平稳过程.

时间平均：$\langle X_t \rangle = \underset{T \to \infty}{\text{l.i.m}} \dfrac{1}{2T} \int_{-T}^{T} X(t)dt = \underset{T \to \infty}{\text{l.i.m}} \dfrac{1}{2T} \int_{-T}^{T} X dt = X$

时间相关函数：

$$\left\langle \overline{X(t)}X(t+\tau) \right\rangle = \underset{T \to +\infty}{\text{l.i.m}} \frac{1}{2T} \int_{-T}^{T} \overline{X(t)}X(t+\tau)dt = \underset{T \to +\infty}{\text{l.i.m}} \frac{1}{2T} \int_{-T}^{T} X^2 dt = X^2$$

因为 $P(X = 2) = 1$ 和 $P\left(X^2 = \dfrac{14}{3}\right) = 1$ 不成立，故 $\{X(t), -\infty < t < +\infty\}$ 不具各态历经性.

14. 解

$$m_X = 0, R_X(t, t+\tau) = \sigma^2 \cos\omega\tau, \quad X \text{ 为平稳过程.}$$
$$B_X(\tau) = \sigma^2 \cos\omega\tau$$

因此 $\displaystyle\lim_{T \to +\infty} \frac{1}{2T} \int_{-2T}^{2T} \left(1 - \frac{|\tau|}{2T}\right) B_X(\tau) d\tau = \lim_{T \to +\infty} \frac{1}{T} \int_{0}^{2T} \left(1 - \frac{|\tau|}{2T}\right) \sigma^2 \cos\omega\tau d\tau$

$$= \lim_{T \to +\infty} \frac{\sigma^2}{2T} \left(\frac{1 - \cos 2\omega T}{\omega^2 T}\right) = 0$$

$\Rightarrow X$ 的均值是各态历经的.

15. 略

习题 9 答案

1.（3）和（5）是，其余都不是.

2. 解（1）此时随机过程 $X(t)$ 是平稳过程，且相关函数 $R_X(\tau)=\dfrac{a^2}{2}\cos(\omega_0\tau)$.

$$\psi^2=R_X(0)=\frac{a^2}{2}\ .$$

（2）因为

$$\begin{aligned}
E[X^2(t)] &= E[a^2\cos^2(\omega_0 t+\theta)]\\
&= E[\frac{a^2}{2}+\frac{a^2}{2}\cos(2\omega_0 t+2\theta)]\\
&= \frac{a^2}{2}+\frac{a^2}{2}\int_0^{\frac{\pi}{2}}\cos(2\omega_0 t+2\theta)\frac{2}{\pi}\mathrm{d}\theta\\
&= \frac{a^2}{2}-\frac{a^2}{\pi}\sin(2\omega_0 t).
\end{aligned}$$

故，此时 $X(t)$ 是非平稳过程. 得 $X(t)$ 的平均功率为

$$\begin{aligned}
\psi^2 &= \lim_{T\to\infty}\frac{1}{2T}\int_{-T}^{T}E[X^2(t)]\mathrm{d}t\\
&= \lim_{T\to\infty}\frac{1}{2T}\int_{-T}^{T}[\frac{a^2}{2}-\frac{a^2}{\pi}\sin(2\omega_0 t)]\mathrm{d}t=\frac{a^2}{2}.
\end{aligned}$$

3. 解　$\begin{aligned}[t]s_X(\omega)&=2\int_0^{+\infty}\mathrm{e}^{-a\tau}\cos(\omega_0\tau)\cos(\omega\tau)\mathrm{d}\tau\\
&=\int_0^{+\infty}e^{-a\tau}[\cos(\omega_0+\omega)\tau\cos(\omega_0-\omega)\tau]\mathrm{d}\tau\\
&=\frac{a}{a^2+(\omega_0+\omega)^2}+\frac{a}{a^2+(\omega_0-\omega)^2}.\end{aligned}$

4. 解　由于 $R_X(\tau)=5+4\mathrm{e}^{-3|\tau|}\cos^2 2\tau=5+2\mathrm{e}^{-3|\tau|}+2\mathrm{e}^{-3|\tau|}\cos 4\tau$

利用 Fourier 变换的性质：$R_X(\tau)=1\to S_X(\omega)=2\pi\delta(\omega)$

$$R_X(\tau)=\mathrm{e}^{-\alpha|\tau|}\cos\omega_0\tau\to S_X(\omega)=\frac{\alpha}{\alpha^2+(\omega-\omega_0)^2}+\frac{\alpha}{\alpha^2+(\omega+\omega_0)^2},$$

有：

$$\begin{aligned}
S_X(\omega) &= F(R_X(\tau))=5F(1)+2F(\mathrm{e}^{-3|\tau|})+2F(\mathrm{e}^{-3|\tau|}\cos 4\tau)\\
&= 10\pi\delta(\omega)+2\frac{6}{9+\omega^2}+2(\frac{3}{9+(\omega-4)^2}+\frac{3}{9+(\omega+4)^2})\\
&= 10\pi\delta(\omega)+\frac{12}{9+\omega^2}+\frac{6}{9+(\omega-4)^2}+\frac{6}{9+(\omega+4)^2}.
\end{aligned}$$

其中 F 表示 Fourier 变换.

5. 略

6. 解　$S_X(\omega) = \int_{-\infty}^{+\infty} \frac{1}{2}(1+\cos\omega_0\tau)\mathrm{e}^{-\mathrm{i}\omega\tau}\mathrm{d}\tau = \int_{-\infty}^{+\infty} \frac{1}{2}\mathrm{e}^{-\mathrm{i}\omega\tau}\mathrm{d}\tau + \int_{-\infty}^{+\infty} \frac{1}{2}\cos\omega_0\tau\mathrm{e}^{-\mathrm{i}\omega\tau}\mathrm{d}\tau$

$\qquad = \pi\delta(\omega) + \frac{1}{4}\int_{-\infty}^{+\infty}\mathrm{e}^{-\mathrm{i}(\omega-\omega_0)\tau}\mathrm{d}\tau + \frac{1}{4}\int_{-\infty}^{+\infty}\mathrm{e}^{-\mathrm{i}(\omega+\omega_0)\tau}\mathrm{d}\tau$

$\qquad = \frac{\pi}{2}[2\delta(\omega) + \delta(\omega-\omega_0) + \delta(\omega+\omega_0)].$

7. 解　$R_X(\tau) = \mathrm{e}^{-\beta|\tau|}\cos\omega_0\tau$

$\qquad S_X(\omega) = \int_{-\infty}^{+\infty} R_X(\tau)\mathrm{e}^{-j\omega\tau}\mathrm{d}\tau = \int_{-\infty}^{+\infty} \mathrm{e}^{-\beta|\tau|}\cos\omega_0\tau\mathrm{e}^{-j\omega\tau}\mathrm{d}\tau$

$\qquad\qquad = \frac{\beta}{(\omega-\omega_0)^2 + \beta^2} + \frac{\beta}{(\omega+\omega_0)^2 + \beta^2}.$

8. 证明：

$\qquad m_Y(t) = 0,$

$\qquad R_Y(t, t+\tau) = 2R_X(\tau) - R_X(\tau-a) - R_X(\tau+a),$

$\qquad S_Y(\omega) = 2(1-\cos\omega a)S_X(\omega).$

9. 解　因为 $R_{XY}(\tau) = E[X(t)\overline{Y(t-\tau)}] = R_{YX}(-\tau)$，其中 $Y(t+T) = X(t)$，故

$\qquad Y(t) = X(t-T)$，$Y(t-\tau) = X(t-\tau-T)$，

于是　$R_{XY}(\tau) = E[X(t)\overline{X(t-\tau-T)}] = R_{YX}(-\tau),$

$\qquad E[X(t)\overline{X(t-\tau-T)}] = R_X(\tau+T).$

所以

$\qquad R_{XY}(\tau) = R_X(\tau+T) = s_0\delta(\tau+T) = R_{YX}(-\tau),$

$\qquad s_{XY}(\omega) = \int_{-\infty}^{+\infty} R_{XY}(\tau)\mathrm{e}^{-\mathrm{i}\omega\tau}\mathrm{d}\tau$

$\qquad\qquad = \int_{-\infty}^{+\infty} s_0\delta(\tau+T)\mathrm{e}^{-\mathrm{i}\omega\tau}\mathrm{d}\tau = s_0\mathrm{e}^{-\mathrm{i}\omega T},$

$\qquad s_{YX}(\omega) = \int_{-\infty}^{+\infty} R_{YX}(\tau)\mathrm{e}^{-\mathrm{i}\omega\tau}\mathrm{d}\tau$

$\qquad\qquad = \int_{-\infty}^{+\infty} s_0\delta(-\tau+T)\mathrm{e}^{-\mathrm{i}\omega\tau}\mathrm{d}\tau = s_0\mathrm{e}^{-\mathrm{i}\omega T}.$

例中因为 $X(t)$ 和 $Y(t)$ 都是白噪声过程，它们的互相关函数除在 $\tau = T$ 处有值外，其余各点为零，所以 $R_{XY}(T) = R_X(0) = R_{YX}(T)$。

10. 解：$H(\omega) = \int_{-\infty}^{+\infty} h(u)\mathrm{e}^{-\mathrm{i}\omega u}\mathrm{d}u = \int_0^T \mathrm{e}^{-\mathrm{i}\omega u}\mathrm{d}u = \frac{1-\mathrm{e}^{-\mathrm{i}\omega u}}{\mathrm{i}\omega}$，

$\qquad S_X(\omega) = 1,$

$\qquad S_Y(\omega) = |H(\omega)|^2 S_X(\omega) = T^2\left[\frac{\sin(T\omega/2)}{T\omega/2}\right]^2,$

查表 9-1 可得：$R_Y(\tau) = \begin{cases} T(1-\dfrac{|\tau|}{T}), & |\tau| \leqslant T, \\ 0, & |\tau| > T. \end{cases}$

$$S_{YX}(\omega) = H(\omega)S_X(\omega) = \frac{1 - e^{-i\omega u}}{i\omega} \ , \quad S_{XY}(\omega) = \overline{H(\omega)}S_X(\omega) = \frac{i\left(1 - e^{-i\omega u}\right)}{\omega}.$$

11. 解: $s_Y(\omega) = \begin{cases} \dfrac{N_0}{2}, & |\omega| \leqslant \dfrac{\Omega}{2}, \\[2mm] 0, & |\omega| > \dfrac{\Omega}{2}. \end{cases}$

输出信号 $Y(t)$ 的自相关函数为

$$R_Y(\tau) = \frac{1}{2\pi}\int_{-\infty}^{\infty} s_X(\omega)e^{j\omega\tau}\mathrm{d}\omega = \frac{\Omega N_0}{4\pi}\cdot Sa\left(\frac{\Omega\tau}{2}\right) = \frac{\Omega N_0}{4\pi}\cdot\frac{\sin(\Omega\tau/2)}{\Omega\tau/2}.$$

12. 解 因为滑车运动位移 $y(t)$ 满足微分方程

$$m\frac{\mathrm{d}^2 y(t)}{\mathrm{d}t^2} + r\frac{\mathrm{d}y(t)}{\mathrm{d}t} + ky(t) = x(t).$$

令 $x(t) = e^{i\omega t}$, 则 $y(t) = H(\omega)e^{i\omega t}$, 代入上式得

$$(-m\omega^2 + ir\omega + k)H(\omega) = 1.$$

故

$$H(\omega) = \frac{1}{-m\omega^2 + ir\omega + k},$$

$$|H(\omega)|^2 = \frac{1}{(k - m\omega^2)^2 + r^2\omega^2}.$$

所以位移输出谱密度为

$$s_Y(\omega) = |H(\omega)|^2 s_X(\omega) = \frac{s_0}{(k - m\omega^2)^2 + r^2\omega^2}.$$

输出平均功率为

$$R_Y(0) = E[Y(t)]^2 = \frac{1}{2\pi}\int_{-\infty}^{+\infty}|H(\omega)|^2 s_X(\omega)\mathrm{d}\omega$$

$$= \frac{s_0}{2\pi}\int_{-\infty}^{+\infty}\left|\frac{1}{-m\omega^2 + ir\omega + k}\right|^2\mathrm{d}\omega = \frac{s_0}{2kr}.$$

13. 解 取 $x(t) = e^{i\omega t}$, 有 $y(t) = H(\omega)e^{i\omega t}$.

代入微分方程得

$$i\omega H(\omega)e^{i\omega t} + bH(\omega)e^{i\omega t} = i\omega e^{i\omega t} + ae^{i\omega t}$$

得 $\quad H(\omega) = \dfrac{i\omega + a}{i\omega + b},$

又 $\quad s_X(\omega) = \displaystyle\int_{-\infty}^{\infty} R_X(\tau)e^{-i\omega\tau}\mathrm{d}\tau = \int_{-\infty}^{0}\beta e^{\alpha\tau}e^{-i\omega\tau}\mathrm{d}\tau + \int_{0}^{\infty}\beta e^{-\alpha\tau}e^{-i\omega\tau}\mathrm{d}\tau = \dfrac{2\alpha\beta}{\alpha^2 + \omega^2}.$

则输出过程 $Y(t)$ 的谱密度为

$$s_Y(\omega) = |H(\omega)|^2 s_X(\omega) = \left(\frac{i\omega + a}{i\omega + b}\right)^2 \cdot \frac{2\alpha\beta}{\alpha^2 + \omega^2} = \frac{2\alpha\beta(a^2 + \omega^2)}{(b^2 + \omega^2)(\alpha^2 + \omega^2)}.$$

系统的脉冲响应为

$$h(t) = \frac{1}{2\pi}\int_{-\infty}^{\infty} e^{i\omega t}\mathrm{d}\omega + \frac{1}{2\pi}\int_{-\infty}^{\infty}\frac{a - b}{i\omega + b}e^{i\omega t}\mathrm{d}\omega = \delta(\tau) + (a - b)e^{-bt}.$$

输出过程 $Y(t)$ 的相关函数为

$$R_Y(\tau) = \int_{-\infty}^{\infty}\int_{-\infty}^{\infty} h(u)\overline{h(v)}\beta e^{-\alpha(\tau-u+v)}\mathrm{d}u\mathrm{d}v$$

$$= \frac{\beta}{a^2-b^2}\left[\frac{\alpha(a^2-b^2)}{b}e^{-b|\tau|}+(\alpha^2-a^2)e^{-\alpha|\tau|}\right].$$

14. 解

$$S_Y(\omega) = |H(\omega)|^2 S_X(\omega),$$

$$|H(\omega)|^2 = \frac{4+\omega^2}{9+10\omega^2+\omega^4} = \frac{4+\omega^2}{(1+\omega^2)(9+\omega^2)},$$

$$H(\omega) = \frac{2\pm j\omega}{(1+j\omega)(3+j\omega)},$$

$$s_Z(\omega) = 4\left[\frac{1}{(\omega+\pi)^2+1}+\frac{1}{(\omega-\pi)^2+1}\right]+\pi[\delta(\omega-3\pi)+\delta(\omega+3\pi)]+\frac{4(1-\cos\omega)}{\omega^2}.$$

参考书目

[1] 盛骤,谢式千,潘承毅. 概率论与数理统计 [M]. 4 版. 北京:高等教育出版社,2008.

[2] 王梓坤. 随机过程论 [M]. 北京:科学出版社,1965.

[3] 刘次华. 随机过程及其应用 [M]. 3 版. 北京:高等教育出版社,2010.

[4] ROSS S M. 应用随机过程:概率模型导论:第 10 版 [M]. 龚光鲁,译. 北京:人民邮电出版社,2011.

[5] DURRETT R. 随机过程基础(原书第 2 版)[M]. 北京:机械工业出版社,2014.

[6] 姜礼尚,陈亚浙,刘西桓,等. 数学物理方程讲义 [M]. 2 版. 北京:高等教育出版社,1996.

[7] 张卓奎,陈慧婵. 随机过程及其应用 [M]. 2 版. 西安:西安电子科技大学出版社,2014.

[8] 林元烈. 应用随机过程 [M]. 北京:清华大学出版社,2002.

[9] 姜礼尚. 期权定价的数学模型和方法 [M]. 北京:高等教育出版社,2004.

[10] 郑振龙,陈蓉. 金融工程 [M]. 北京:高等教育出版社,2012.